MORITZ BUSE

Altbau-sanierung

DIE KOMPLETTANLEITUNG FÜR EINSTEIGER

Email: info@edition-lunerion.de
www.edition-lunerion.de

Psiana eCom UG
Berumer Str. 44
26844 Jemgum

Inhalt

Vorwort

Wohnen in einem Altbau ist für viele Menschen ein lang ersehnter Traum. Sind Sie auch seit langem begeistert von hohen Stecken, künstlerischen Stuckverzierungen und gemütlichen Holzdielen? Haben Sie die Einrichtung Ihres Altbaus bereits im Kopf? Haben Sie möglicherweise schon das richtige Gebäude gefunden? Dann ist dieses Buch genau das richtige für Sie!

Altbauten müssen in der Regel zahlreichen Sanierungsarbeiten unterzogen werden. Das gilt vor allem, wenn Sie das Gebäude oder die Wohnung gerade erst gekauft haben. Aber auch, wenn Sie bereits eine Weile in Ihrer neuen Heimat wohnen, fallen Sanierungsarbeiten hier und dort an. Jeder Altbauliebhaber und -eigentümer benötigt daher einen umfassenden Ratgeber, der die Sanierungsarbeiten erleichtert und zahlreiche DIY-Tipps gibt. Das eigenständige Sanieren hat viele Vorteile: finanzielle, aber auch emotionale. Schließlich können nicht viele Menschen von ihrem Haus behaupten, es mit ihren eigenen Händen errichtet zu haben. Nehmen Sie Sanierungsarbeiten selbst vor, haben Sie die Chance, Ihrem Heim ein persönliches Stück Geschichte und einen individuellen Glanz zu verleihen. Ein solches Projekt bringt Sie auch näher mit Ihren Liebsten zusammen.

Altbausanierungen müssen kein kompliziertes Unterfangen werden. Mit einigen Tipps und ein wenig handwerklicher Übung können Sie eine Vielzahl an Aufgaben selbst übernehmen. Worauf warten Sie also noch? Lassen Sie das Bauprojekt beginnen!

Aus Alt mach Neu

Dieses Buch stellt einen umfassenden Ratgeber zum Thema Altbausanierung dar. Sie erhalten im Folgenden wertvolle Tipps für die Altbausanierung, und zwar vom ersten bis zum letzten Schritt. Zu Beginn des Buches finden Sie zahlreiche theoretische Hinweise rund um die Besonderheiten eines Altbaus. Dazu gehören nicht nur die charmanten Vorzüge der historischen Bauweise, sondern auch die Tücken, die mit einem solchen Gebäude einhergehen können.

Sie lernen Schritt für Schritt alle wichtigen Bereiche der Altbausanierung kennen. Sie erhalten eine bewährte Reihenfolge der möglichen Sanierungsarbeiten vom Rohbau bis zur Inneneinrichtung. In diesem Abschnitt erhalten Sie auch einen Überblick darüber, welche Arbeitsschritte Sie gerne selbst erledigen können und wo Sie lieber einen Experten hinzuziehen sollten. Natürlich informieren wir Sie auch ausführlich über die rechtlichen Grundlagen. Das Thema Denkmalschutz kann bei einem Altbau eine große Rolle spielen, weshalb insbesondere auf denkmalschutzrechtliche Besonderheiten eingegangen wird.

Im Folgenden werden Sie einzelne Arbeitsschritte dergestalt kennenlernen, dass das Nachahmen leicht fällt. Sie erhalten umfassende Informationen über das Vermeiden von Bauschäden, die energetische Sanierung, die umweltrechtlichen und nachhaltigen Aspekte von Renovierungsarbeiten und schließlich auch Tipps und Ideen für eine gemütliche Altbaueinrichtung. Als Bonus finden Sie zum Ende des Buches einen Finanzguide für die Altbausanierung sowie ein Branchenverzeichnis für Bezugsquellen von Materialien und Handwerker.

Dieses Buch liefert Ihnen alle wichtigen theoretischen Hintergrundinformationen sowie ausführliche Praxisanleitungen, mit denen Sie sofort an die Arbeit gehen können. Der Traum vom Altbau wird mit jedem Schritt ein wenig realistischer. Zögern Sie also nicht und rufen Sie Ihre freiwilligen Helfer zusammen!

Der Traum vom Altbau

Beeindruckend hohe Decken, dekorativer Stuck, massive Holzdielen – eine Altbauwohnung ist für viele Menschen ein absoluter Traum. Einige Bewohner nutzen den historischen Charme und richten sich mit passenden Vintage-Möbeln ein, andere wiederum bevorzugen einen Mix aus Klassikern und modernen Elementen. Doch damit die Wohnung wirklich gemütlich wird, müssen in älteren Gebäuden nicht selten auch reichlich Sanierungen vorgenommen werden. Damit dies bestmöglich gelingt, erhalten Sie zu Beginn dieses Buches einen Einblick in die Geschichte und die Besonderheiten der Altbauten. Lernen Sie, was einen Altbau so charakteristisch macht – aber denken Sie daran, wo sich die Tücken befinden! Dann können Sie Ihr Vorhaben bestmöglich planen.

Ein Stück Geschichte

Von Altbauten sprechen wir, wenn wir die prächtige Architektur um 1900 betrachten: Bauten aus der sogenannten Gründerzeit, die im Stil der Renaissance gebaut wurden. Im Gegensatz dazu handelt es sich bei Neubauten um moderne Gebäude, die erst kürzlich fertiggestellt und bezogen wurden. Sie zeichnen sich häufig durch moderne Bauweisen und Stilelemente aus. Altbauten hingegen tragen den Charme der Vergangenheit. Sie bilden auch heute noch einen Rückzugsort vom Großstadttrubel, da sie durch ihren historischen Charme einen Einblick in die Vergangenheit ermöglichen. Sie sind ein echtes, lebhaftes Stück Geschichte inmitten einer modernen Welt. Im Folgenden sollten Sie sich daher ein wenig mit den historischen Hintergründen und Besonderheiten einer solchen Wohnung befassen.

Stuck bezeichnet die plastische Ausformung von Mörteln. Im Allgemeinen sind sie auf verputzten Wänden und Gewölben sowie auf Decken zu finden. Der Begriff stammt aus dem Italienischen, abgeleitet von dem Wort *stucco*, was Gips bedeutet. Stuck existiert bereits seit der Antike und war lange Zeit eine der wichtigsten Techniken zur Gestaltung und Dekoration von Innenräumen. Während Stuck früher mühsam von Hand gefertigt wurde, lassen sich fertige Serienstücke mittlerweile in Katalogen finden.

Mörtel ist ein Baustoff, der aus Sand, Wasser und einem Bindemittel besteht. Als Bindemittel werden häufig Zement und Kalk verwendet. Dieser Grundmischung können auch andere Stoffe zugefügt werden. Mörtel bildet, angerührt mit Wasser, eine streich- und formbare Masse, die vor allem zur Verbindung einzelner Bauteile genutzt wird. So werden beispielsweise Mauersteine mit Mörtel zusammengeklebt, um ein stabiles Mauerwerk zu erhalten. Außerdem wird Mörtel als Ausgleichsmasse bei Materialien mit Maßabweichungen eingesetzt (wie etwa Natursteinplatten). Aufgrund seiner Klebeeigenschaft und der leicht zu verarbeitenden Masse, wird Mörtel auch beim Bilden von Stuck eingesetzt.

Die Altbauwohnung in der Stadt

Altbauten können aus verschiedenen Jahrzehnten stammen. Zwar spricht man im Allgemeinen von einer Altbauwohnung, wenn die Bauzeit um 1900 herum liegt, aber wie alt genau die Wohnung tatsächlich ist, ist zweitrangig. Im Grunde können auch Gebäude, die erst 60 Jahre alt sind, bereits als Altbau gelten. Klassische Altbauten befinden sich heutzutage insbesondere in Großstädten wie Berlin, Hamburg, München und Leipzig. Städte, in denen die Architektur größtenteils vom Krieg verschont blieb, weisen noch heute eine nennenswerte Anzahl von Altbauwohnungen auf. Wer auf der Suche nach einer solchen Wohnung ist, wird dort eher fündig als an Orten, die stark zerbombt wurden. In der Regel befinden sich die Altbauten immer noch in zentraler Lage, sodass sie meist eine gute Anbindung zum Stadtzentrum und zum öffentlichen Nahverkehr ermöglichen. Nicht selten können Sie von einer Altbauwohnung zentrale Orte sogar zu Fuß erreichen. Typisch für diese Gebäude sind vor allem ihre hohen Räume. Ihre Deckenhöhe erreicht in manchen Fällen sogar um die vier Meter. Außerdem fallen Decken und Wände durch ihre reichen Verzierungen mit detailliertem Stuck auf.

Um einen besonders idyllischen Wohnraum zu schaffen, wurden Altbauten meist sehr hell gehalten. Sie beinhalten große Fenster, die viel direktes Licht in die Zimmer lassen, und breite Türen, welche den Raum offener wirken lassen. Pittoreske Flügeltüren sind ebenfalls ein häufig auftretendes Merkmal dieser Gebäude. Wenn Sie an einen Altbau denken, haben Sie außerdem sehr wahrscheinlich noch eins im Sinn: das Holz. Vor allem Holzdielen und Holzparkett waren bei Altbauwohnungen als Bodenbelag sehr beliebt. Da viele Besitzer diese Wohnungen gerade aufgrund ihrer typischen Eigenschaften so schätzen, sind sie auch heute noch in zahlreichen Altbauten vorhanden. Einige Eigentümer lassen den Holzboden jedoch durch Laminat, manchmal auch PVC, austauschen. Das liegt vor allem daran, dass diese Materialien pflegeleichter sind als Holzdielen oder Holzparkett. Wer den authentischen Altbaustil möchte, kann diese Veränderung jedoch rückgängig machen – doch dazu mehr in den späteren Kapiteln! Oftmals findet man noch dunkelrote Holzdielen als Bodenbelag vor. Das liegt daran, dass Dielenböden im 20. Jahrhundert häufig mit Ochsenblut eingelassen wurden, um sie langlebiger zu machen. Auch die tiefrote Farbe, die dadurch entstand, erfreute sich damals höchster Beliebtheit. Während die Farbe auch heute noch vielen Menschen zusagt, muss dafür mittlerweile kein Blut mehr verwendet werden. Farbiger Bodenlack – selbstverständlich blutfrei gefärbt – ist heutzutage in jedem Baumarkt zu finden. So kann der typische Farbton leicht wiederhergestellt werden.

Altbauten im ländlichen Bereich

Auch Gebäude im ländlichen Bereich können Altbauten sein. Wenngleich die Bauart nicht immer exakt dieselbe oder eine ähnliche ist, findet man immer wieder zur Definition passende Gebäude in kleineren Orten und außerhalb von Stadtzentren. Insbesondere Fachwerkhäuser fallen in diese Kategorie.

Der Charme der Altbauten liegt schließlich nicht zuletzt auch in den Individualitäten der Gebäude. Altbauten haben stets einen persönlichen Charakter – genau das macht sie auch so beliebt. Ihre Vergangenheit ist in den Wänden oft noch spürbar. Gleichzeitig hat dieser Charme auch ein paar Tücken. Unter anderem stehen viele Altbauten unter Denkmalschutz, was die Renovierung teuer und schwierig machen kann. Aber auch andere architektonische Besonderheiten können die Renovierung verkomplizieren. Daher ist es wichtig, sich vor Beginn mit den besonderen Ansprüchen der Bauart vertraut zu machen.

Architektonische Besonderheiten

Ein Altbau zeichnet sich vor allem durch seine architektonischen Besonderheiten aus. Daneben spielt, wie bereits erwähnt, auch das Alter des Gebäudes eine Rolle. Architektonische Schönheiten, wie Holzdielen, Stuck und hohe Wände, machen den Altbau so beliebt. Allerdings bietet der Altbau auch einige Tücken durch seine Bauweise. Das sollte Sie keinesfalls von Ihrem Traum abbringen – es ist aber sehr hilfreich, sich über die potenziellen Schwierigkeiten im Klaren zu sein.

Die Tücken der historischen Bauweise

Viele Menschen interpretieren die Renovierung von Altbauten als kostspielige und restaurationsaufwändige Angelegenheit. Wer nicht schon seit langem ein Fan von historischen Gebäuden ist, befürchtet meistens Ärger und einen hohen Kostenaufwand bei der Restaurierung von historischen Gebäuden. Natürlich können mit der Aufbereitung einer alten Wohnung einiges an Arbeit sowie ein hoher Kostenfaktor auf Sie zukommen – dennoch können Sie mit einer guten Planung vielen Kostenfallen entgehen.

Denkmalschutz

Ein wichtiger Faktor bei der Sanierung von Altbauten ist das Thema des Denkmalschutzes. Gebäude, die unter Denkmalschutz stehen, haben einen besonderen historischen Wert. Aus diesem Grund sind Sanierungen meist sehr kostspielig – manchmal sogar gar nicht möglich. Denkmalgeschützte Bereiche dürfen nicht oder nur minimal verändert werden. Denkmalschutzvorschriften sind in den einzelnen Ländergesetzen geregelt. Da die Länder hier die Hoheit haben, können die Regelungen zwischen den Bundesländern unterschiedlich ausfallen. Sie sollten sich daher stets mit den Denkmalschutzgesetzen Ihrer Region vertraut machen. Grundsätzlich können Sie sich merken, dass auf Eigentümer eines denkmalgeschützten Gebäudes meistens eine sogenannte Erhaltungspflicht zutrifft. Das bedeutet, dass Sie das Kulturdenkmal im Rahmen des Zumutbaren erhalten und pfleglich behandeln müssen.
Dazu zählen die

- Instandhaltung,
- Instandsetzung,
- sachgemäße Behandlung und
- der Schutz vor Gefahren.

Insbesondere diese Erhaltungspflicht kann im Konflikt mit den Wünschen des Eigentümers stehen. So möchten viele Eigentümer alte Fenster beispielsweise durch moderne und günstige Kunststofffenster ersetzen, während die Denkmalbehörde die urtümlichen Holz- oder Kastenfenster vorschreibt. Als Bauherr haben Sie in vielen solcher Fälle keine andere Wahl, als den Auflagen der Denkmalbehörde zu folgen. Eigentümer können sich in Einzelfällen jedoch diesen Auflagen entziehen, wenn die konkreten Maßnahmen der wirtschaftlichen Zumutbarkeit widersprechen. Grundlage für die Berechnung der wirtschaftlichen Zumutbarkeit sind vor allem die Erhaltungskosten, die Bewirtschaftungskosten und die möglichen Erträge aus dem Baudenkmal (beispielsweise Zuschüsse, Mieteinnahmen, steuerliche Begünstigungen).

Diese Kosten und Erträge werden gegenübergestellt, um die Wirtschaftlichkeit zu errechnen. Trägt sich das Gebäude nach Einschätzungen der Behörde finanziell selbst, wird eine wirtschaftliche Zumutbarkeit in der Regel festgestellt. Übersteigen die Kosten die potenziellen Erträge, wird für den Einzelfall entschieden. Eine Garantie dafür, dass eine Auflage als wirtschaftlich unzumutbar eingeschätzt wird, gibt es nie. Sollen generell bauliche Veränderungen vorgenommen werden, wird das öffentliche Interesse an dem Erhalt des Kulturdenkmals dem Interesse des Eigentümers gegenübergestellt. Auch hier werden stets Einzelfallentscheidungen getroffen. Eine Garantie für einen bestimmten, gewünschten Ausgang gibt es nie. Die Entscheidung ist immer von den konkreten Details des Einzelfalls und der Einschätzung der Beteiligten abhängig.

Grundsätzlich gilt: Eine denkmalrechtliche Erlaubnis zur Veränderung kann nicht erteilt werden, wenn nachvollziehbare Gründe für den Denkmalschutz vorliegen und gleichzeitig die wirtschaftlichen Interessen des Eigentümers grundsätzlich gewahrt werden sollen. Ist der Erhalt des Denkmals für den Eigentümer hingegen unzumutbar, wird eine Erlaubnis erteilt.

Da sich dadurch schwierig zu sanierende Bereiche nicht einfach abreißen und nach Belieben verändern lassen, kann der Denkmalschutz dazu führen, dass das Projekt „Altbauwohnung" zu einer äußerst kostspieligen Angelegenheit wird. Man sollte jedoch bedenken, dass durch jene Regelungen auch das, was den Altbau so besonders macht, geschützt werden soll: der historische Charme und die Geschichte, die bis heute in den Wänden des Bauwerks zu spüren ist. Denkmalschutz muss kein Hindernis sein, allerdings sollten Sie sich stets im Vorfeld darüber informieren. Stellen Sie sicher, dass Ihre Wohnung nicht unter Denkmalschutz steht, oder informieren Sie sich darüber, was das für Sie bedeuten würde. Nehmen Sie Veränderungen an denkmalgeschützten Bereichen vor, obwohl Ihnen dies nicht gestattet ist, müssen Sie gegebenenfalls mit Konsequenzen rechnen – und das kann teuer werden.
Die Strafen bei Verstößen gegen die Denkmalschutzgesetze können hoch sein. Die Einzelheiten richten sich auch hier nach den Regelungen der Bundesländer. Bei den meisten Verstößen handelt es sich um sogenannte Ordnungswidrigkeiten, die mit Bußgeldern bestraft werden.

Eine Ordnungswidrigkeit ist eine rechtswidrige, vorwerfbare Handlung, die den Tatbestand eines Gesetzes erfüllt und mit einer Geldbuße geahndet wird. Taten, die mit einer Freiheitsstrafe bestraft werden können, sind dagegen als Straftaten zu bezeichnen.

Je nach Land und Schweregrad des Verstoßes können Bußgelder in Höhe von bis zu 500.000 € erfolgen. In den Bundesländern Niedersachsen, Sachsen, Sachsen-Anhalt und Schleswig-Holstein gelten besonders schwerwiegende Verstöße – insbesondere der unerlaubte Abriss von denkmalgeschützten Bauten oder Teilbauten – sogar als Straftaten. Diese können im schlimmsten Fall sogar mit einer Freiheitsstrafe von bis zu zwei Jahren geahndet werden.

Üblich sind Bußgelder zwischen 5.000 und 40.000 € bei Verstößen diverser Art. So musste ein Bauherr aus Aurich beispielsweise im Jahr 2020 ein Bußgeld in Höhe von 60.000 € zahlen, da er einige genehmigungspflichtige Umbaumaßnahmen ohne entsprechende Genehmigung durchführte (vergleiche: Entscheidung OLG Oldenburg vom 30.06.2020, Beschluss 2 Ss(Owi)

163/20). Bußgelder können sogar schon bei kleinen Maßnahmen, wie dem Streichen von Fenstern und Türen, erteilt werden.

Wenn Sie kleinere Veränderungen vornehmen möchten, reicht oft eine denkmalrechtliche Genehmigung. Dies ist beispielsweise der Fall, wenn Sie Streicharbeiten vornehmen möchten oder kleinere Bauteile (beispielsweise Fenster oder Geländer) abreißen wollen. Größere Vorhaben, wie der Ausbau des Dachbodens, benötigen eine Baugenehmigung. In dem Fall müssen Sie sich meistens nicht persönlich um die Benachrichtigung der Denkmalbehörde kümmern. Die Baubehörde informiert die Denkmalbehörde für Sie. Falls Sie zusätzlich zur Baugenehmigung eine denkmalrechtliche Genehmigung benötigen, werden sich die Behörden bei Ihnen melden. Zur Sicherheit sollten Sie jedoch bei der Baubehörde noch einmal spezifisch nachfragen, ob diese sich auch wirklich um die Kontaktaufnahme mit der Denkmalbehörde kümmern wird.

Auch kann die Denkmalbehörde zusätzlich zum verhängten Bußgeld die Wiederinstandsetzung des Denkmals verlangen (sofern dies möglich ist). Das kann z. B. bei Streicharbeiten sehr einfach sein (wenn Sie nur die ursprüngliche Farbwahl verändert haben), allerdings bei größeren Arbeiten schnell extrem teuer (beispielsweise der Ein- oder Ausbau eines Erkers). Sie sollten den Denkmalschutz daher nicht auf die leichte Schulter nehmen.

Tücken durch Baumaterialien

Auch die alten, meist nicht mehr so stabilen Baumaterialien können ihre Tücken beinhalten. Altbauten besitzen eine Bausubstanz, die in der Regel mehr als ein Jahrhundert alt ist. Diese Gemäuer lassen nicht alle Sanierungsarbeiten ohne weiteres zu. So kann sich beispielsweise das Vorhaben, ein Loch in die Wand zu bohren, zu einer komplizierten Aufgabe entwickeln, da der Putz dabei an den Rändern brechen kann. Dübel, Nägel und Schrauben halten demnach nicht mehr so gut, wie sie eigentlich sollten. Ihnen wird deshalb nicht gleich die ganze Wand auseinanderbrechen, aber das Aufhängen von Gegenständen kann sich durchaus als kompliziert herausstellen. Zum Glück gibt es für Probleme wie diese eine Lösung: Halten beispielsweise die Dübel nicht in der Wand, weil die Löcher an den Rändern bröselig sind, versuchen Sie zunächst, die Löcher tiefer zu bohren. Dann darf gerne mit etwas Mörtel nachgeholfen werden, um den Dübel möglichst tief und stabil in die Wand zu bringen. Mörtel wirkt hier als Montagekleber. Für derartige Vorhaben gibt es in Baumärkten sogar spezielle Altbaudübel. Mehr dieser Tipps und Hinweise finden Sie selbstverständlich im Praxisteil.

Schimmelpotenzial

Eine weitere Schwierigkeit, die potenziell auftreten könnte, ist Schimmel. In alten Gebäuden ist dies keine Seltenheit, da die Wände über die Jahre feucht geworden sein könnten. Auch eine schlechte Isolierung kann der Grund für eintretende Nässe sein. Vor dem Einzug sollten Sie daher alle Wände gründlich auf Schimmel überprüfen. Am deutlichsten zeigt sich Schimmel durch auffällige, schwarz-braune Färbungen an der Wand. Aber auch ablösende Tapeten können ein Zeichen für Feuchtigkeit in den Wänden sein. Wenn Sie ganz sichergehen wollen, lassen Sie sich von einem Experten helfen. Grundsätzlich sollten Sie aufgrund der erhöhten Schimmelgefahr daran denken, stets gründlich zu lüften. Auch das richtige Heizverhalten hilft gegen die Schimmelbildung: Grundsätzlich können Sie sich merken, dass 20 Grad für Wohnräume und 16 Grad für Schlafräume ideale Temperaturen sind. Mehr zum Thema Schimmel und dessen Vorbeugung lesen Sie jedoch später.

Böden mit Ecken und Kanten

Letztlich lauern auch in den alten Böden einige Schwierigkeiten. Das kann vor allem beim Einrichten mit Möbeln für Frust sorgen. Schließen Kanten und Ecken nicht ordentlich ab oder finden sich zu viele Schrägen im Haus, kann sich das Einrichten als kompliziertes Unterfangen herausstellen. Hilfe schaffen eine Wasserwaage und verstellbare Standfüße. Gleichen Sie Unebenheiten demnach ganz einfach mit kleinen Standfüßen, Holzplättchen oder Filz aus. Experimentieren Sie gerne ein wenig herum – Sie finden sicher eine Lösung.

Der Charme der besonderen Architektur

Trotz all der Tücken sollten Sie sich immer wieder die Vorteile der architektonischen Besonderheiten vergegenwärtigen. Helle Räume mit hohen Decken, prachtvolle Stuckdekoration und große Fenster sorgen für eine einladende Atmosphäre.

Altbauten verfügen meistens über Dielen oder einen edlen Parkettboden und bringen damit eine natürliche Ausstrahlung in die Räumlichkeiten. Dies sind alles Gründe, um sich für eine Wohnung in einem Altbau zu entscheiden. Außerdem sind viele der Altbauwohnungen sehr großzügig geschnitten, sodass Sie selten ein Platzproblem erwarten dürfte. Nicht zu vergessen: Erkerfenster, Balkone, Speisekammern und andere bauliche Besonderheiten aus der Vergangenheit stellen ebenfalls Elemente dar, die in einem Altbau auf Sie zukommen könnten. Mit geschwungenen Aufgängen und eleganten Geländern im Treppenhaus wird das Bild des perfekten Altbaus schließlich abgerundet. Selbst die Eingangstür eines mehrstöckigen Gebäudes vermittelt in der Regel einen Eindruck aus längst vergangenen Tagen. Wo moderne Häuser häufig auf Pragmatismus setzen, sind Altbauwohnungen voll von Charme, Träumen und Ästhetik.

Statik

Damit ein Haus sicher steht, werden sogenannte statische Berechnungen durchgeführt. Tragwerksplaner stellen dabei sicher, dass Veränderungen die Standfestigkeit des Hauses nicht überlasten. Das gilt insbesondere für den Anbau, Dachausbau, den Wanddurchbruch oder ähnliche Umbauarbeiten. Statische Berechnungen sind gerade in Altbauten wichtig, da die Tragweite der Veränderungen sich nicht auf den ersten Blick erkennen lässt – doch dabei sind Veränderungen insbesondere bei historischen Bauten sehr beliebt, um veraltete Arbeiten an das moderne Leben anzupassen, wie z. B. eine neue Raumaufteilung oder wichtige Isolierungsmaßnahmen.

Der Begriff **Statik** wird von dem griechischen Wort „statikos" abgeleitet, was so viel „zum Stillstand bringen" bedeutet. Er gehört sowohl in der Physik als auch in mehreren Ingenieurswissenschaften und der Elektrotechnik zu den Grundbegriffen. Statik kann je nach Einsatzgebiet unterschiedliche Bedeutungen haben. Im Grunde geht es jedoch immer um Stabilität. So steht der Begriff in der Elektrostatik beispielsweise für zeitlich unveränderliche elektrische Felder und ruhende elektrische Ladungen. Bei der Bestimmung der Statik im Bauwesen wird überwiegend auf sogenannte statische Berechnungen zurückgegriffen. Damit soll sichergestellt werden, dass das Haus auch sicher steht.

Statiker für die Sicherheit Ihrer Wände

Wenn Sie ein bereits gebautes Haus oder eine Wohnung kaufen, sind statisch relevante Berechnungen in der Regel bereits vorhanden. Erfragen Sie die Daten auf jeden Fall vor dem geplanten Umbau. Mit Hilfe der vorliegenden Daten können Sie die Tragfähigkeit der Bestandteile prüfen und Informationen über die Spannungen der Bauteile erhalten. Sind Bauteile marode, sollten Sie dies nicht auf die leichte Schulter nehmen, da dies die Stabilität Ihrer Altbauwohnung erheblich beeinflussen kann und gegebenenfalls ausgebessert werden muss.

Statische Berechnungen können durch einen Bauingenieur oder Statiker vor Ort, also direkt in Ihrer Wohnung, vorgenommen werden. Solche Berechnungen sind ein essenzieller Teil eines Bauauftrages. Bauherren stellen den Berechnungsantrag in der Regel bereits vor der Umsetzung baulicher Veränderungen. Ob Sie den Einsatz des Profis wirklich benötigen, hängt jedoch letztlich von Ihrem Vorhaben ab. Handelt es sich beispielsweise lediglich um den eher weniger aufwändigen Umbau eines Bestandsgebäudes, sind Sie nicht unbedingt auf die umfangreichen Daten eines Statikers angewiesen.

Im Bauwesen und in der Architektur werden bereits bestehende Bauwerke als **„Bestand“** bezeichnet (beispielsweise „Bestandsgebäude“). Das Gleiche gilt für bereits bestehende Teile eines Bauwerks oder bestehende Gebäudekomplexe. Das Gegenteil eines Bestands ist ein Neubau. Der Begriff hat vor allem im Baurecht eine große Bedeutung, da es bei Bestandsgebäuden – vor allem Altbauten – zahlreiche Regelungen des Bestandsschutzes gibt, die im Falle eines Umbaus beachtet werden müssen.

Die Notwendigkeit eines Statikers hängt in diesem Fall erheblich von der Art der geplanten Änderungen ab. Ein Dachausbau wäre beispielsweise eine Veränderung, die auf jeden Fall auf die Prüfung durch einen Statiker angewiesen ist – denn eine solche Veränderung beeinflusst die Statik bzw. die Standhaftigkeit des Gebäudes schließlich nicht unerheblich. Das Gleiche gilt für die Aufstockung eines Gebäudes.

Der Begriff **Aufstockung** bezeichnet im Bauwesen das Hinzufügen eines oder mehrerer zusätzlicher Stockwerke oder Vollgeschosse auf einem bestehenden Gebäude. Dabei geht es anders als beim Dachgeschossausbau nicht um den Innenausbau eines bereits vorhandenen Dachraumes. Vielmehr wird das Gebäude vollständig erhöht. Im Rahmen einer Aufstockung wird ein zusätzlicher Raum geschaffen, der die Bruttogrundfläche des Bauwerks erhöht. Andere Flächen müssen dabei nicht überbaut werden.

Zusammenfassend zählen also alle Maßnahmen, welche die Tragfähigkeit der Wohnung maßgeblich beeinflussen können, dazu. Merken können Sie sich außerdem: Alle Maßnahmen, die großflächig sind, verlangen grundsätzlich eher nach einem Statiker als kleinflächige Maßnahmen. Auch alle Maßnahmen, die naturgemäß auf einen stabilen Untergrund angewiesen sind – wie beispielsweise die Aufstockung eines Gebäudes – verlangen prinzipiell auch nach einem Statiker. Das Gegenteil stellen eher kleine Änderungen dar.

Doch bei welchen Eingriffen sollte man denn nun einen Statiker konsultieren? Zu diesen größeren Änderungen gehören zum Beispiel:

- Die Aufstockung eines Gebäudes
- Der Dachgeschossausbau
- Das Herausreißen von Wänden oder tragenden Holzbalken
- Das Verändern von Fensterfronten

Und bei welchen nicht-statisch relevanten Maßnahmen kann man nun auf einen Statiker verzichten? Kleinere Änderungen umfassen zum Beispiel:

- Die bessere Isolierung von Fenstern (etwa durch Einbau besser isolierter Rahmen oder Glasscheiben, ohne die Größe oder Anzahl der Fenster zu verändern)
- Das Verlegen von Teppichboden
- Tapezieren oder Abreißen von Tapeten
- Einbau moderner Küchen oder Bäder

Grundsätzlich können Sie sich jedoch merken, dass Sie in der Regel doch lieber einen Statiker oder Bauingenieur beauftragen sollten, sobald Sie Veränderungen an Wänden oder Decken vornehmen.
Dazu zählen auch Fenstervergrößerungen – schließlich wirkt sich auch die Größe der Fenster bedeutend auf die Tragkraft der Wände aus. Lassen Sie sich bei derartigen Vorhaben also alle relevanten Daten ausrechnen und vorlegen. Nur mit aktuellen Zahlen können Sie sicherstellen, dass die Angaben aktuell und für Ihre Zwecke geeignet sind.

Statiker beurteilen übrigens nicht nur die Tragfähigkeit der Wände und Decken Ihres Altbaus. Sie sind auch für die Sicherung weiterer wichtiger Nachweise zuständig, wie z. B.:

- Den Schallschutznachweis
- Den Brandschutznachweis
- Den Wärmeschutznachweis

Auf der sicheren Seite: Prüfstatiker

Um endgültig feststellen zu können, ob Ihre Umbaupläne auch wirklich sicher sind, engagieren Sie im besten Falle noch einen zusätzlichen Prüfstatiker. Dieser überprüft – wie sein Name bereits vermuten lässt – die Berechnungen, die der jeweilige Statiker oder Bauingenieur bereits zuvor durchgeführt hat. Wie die ersten Berechnungen des Statikers sind auch die Berechnungen des Prüfstatikers Teil eines Bauauftrags. Es handelt sich – wie bei den ersten Berechnungen – hierbei ebenfalls um einen essenziellen Teil Ihres Bauvorhabens. Umfangreiche Sanierungsmaßnahmen sind erst nach Abnahme durch den Prüfstatiker möglich. Für gewöhnlich informiert ein Prüfstatiker auch die zuständige Baubehörde über Ihr Vorhaben.

ISOLIERUNG

Isolierungsmaßnahmen gehören zu den wichtigsten Aufgaben bei der Sanierung eines Altbaus. Aufgrund der historischen Bauweisen passen die Isolierungen häufig nicht zum modernen Standard. Diese bauliche Besonderheit wird daher bei Sanierungsarbeiten in der Regel als eines der ersten Anliegen angepasst. Nach aktuell gültiger Energiesparverordnung 2014 (kur EnEV 2014) gelten bestimmte Regeln für die Wärmedämmung im Altbau. Bauherren müssen stets die aktuellen Regeln beachten, wenn Sie neue Bauvorhaben angehen. Die EnEV unterscheidet bei Art und Umfang des Vorhabens zwischen

- Änderungen an einem Gebäude,
- dem Ausbau eines Gebäudes und
- dem Anbau eines Gebäudes.

Es empfiehlt sich, die Grundlagen der Vorgaben zu kennen, um zu wissen, welche Maßnahmen auf Sie zukommen können. Nun wollen wir aber einen genaueren Blick auf die aufgeführten Maßnahmen werfen.

1. Änderungen an einem Gebäude

Änderungen an einem Altbau betreffen im Bereich der Isolierungen alle nachträglich angebrachten Innendämmungen. Auch Außendämmungen des Daches sind unter diesem Punkt erfasst. Die Bestimmungen der EnEV werden in diesem Bereich jedoch nur dann relevant, wenn die Änderungen am Altbau mindestens zehn Prozent der jeweiligen Bauteilfläche des Hauses betreffen. Ist die Fläche geringer, können Sie auf die Einhaltung der entsprechenden Vorgaben verzichten.

2. Ausbau eines Gebäudes

Im Bereich des Ausbaus wiederum werden die durch die EnEV festgelegten Werte für die Wärmedämmung relevant, sobald der auszubauende Raum eine Größe von 10 bis 50 Quadratmetern hat. Mehr zu den gesetzlichen Werten im nächsten Abschnitt. Auf die Wärmedämmung wird später noch detaillierter eingegangen. Ist der Raum größer, gelten die Wärmedämmungsgrundregeln für Neubauten. Im Bereich des Ausbaus werden ungenutzte Räume derart saniert, dass sie wieder nutzbar gemacht werden.

3. Anbau eines Gebäudes

Für den Bereich des Anbaus gelten die gleichen Regeln, die auch für den nachträglich durchgeführten Ausbau Relevanz haben.

Führen Sie nachträgliche Sanierungsarbeiten an einem Altbau durch, dürfen die Bauteile einen bestimmten Wert nicht überschreiten. Dieser Wert ist der sogenannte U-Wert. Er spiegelt die Wärmeleitung des Bauteils wider.

Ein niedriger U-Wert beschreibt eine geringe Wärmeleitung. Dadurch entsteht eine bessere Wärmedämmung. Ein hoher U-Wert wiederum bezeichnet eine hohe Wärmeleitung und dadurch eine schlechtere Wärmedämmung.

Der U-Wert wird in Watt pro Quadratmeter und pro Grad Kelvin Temperaturdifferenz angegeben: X ($W/m^2.K$).

Beispiel: 1 ($W/m^2.K$) = ein U-Wert von 1

Kelvin ist eine Basiseinheit für thermodynamische Temperaturen. Sie gilt in den meisten Ländern – darunter fallen auch die EU-Mitgliedsstaaten – als offizielle Temperatureinheit. Daneben gilt in Deutschland auch Grad Celsius als gesetzliche Temperatureinheit. Beide Einheiten besitzen die gleiche Skalierung. Die Einheiten sind genau gleich, allerdings ist die Skala um genau 273,15 verschoben.
Somit gilt: Der Gefrierpunkt in Celsius liegt bei null Grad. Der Gefrierpunkt in Kelvin liegt bei -273,15. Anders gesprochen: 0 °C = -273,15 K; 0 K = 273,15 °C.

Die Temperaturdifferenzen verlaufen in gleichen Schritten, sodass ein Unterschied von 10 °C ein Unterschied von 10 K ist. Sie brauchen bei der Berechnung von Differenzen in K also nicht umdenken.

Der Wärmeverlust einer Dämmung wird dann anhand dieses Wertes in der Einheit Watt berechnet. Dies geschieht mit folgender Formel:
X ($W/m^2.K$) x Fläche der Wand in m^2 x Temperaturdifferenz = Wert in Watt

Ein Beispiel: Berechnet wird der Wärmeverlust bei einer Wand von 10 m^2 Fläche. Der U-Wert der Dämmung liegt bei 1. Die Außentemperatur beträgt 0 °C. Die Innentemperatur beträgt 20 °C. Damit liegt eine Temperaturdifferenz von 20 °C zwischen Außen- und Innenbereich vor. Die Berechnung lautet wie folgt:
1 ($W/m^2.K$) x 10 m^2 (Fläche) x 20 (Temperaturdifferenz in K) = 200 Watt

In reinen Zahlen wäre dies:
1 x 10 x 20 = 200

Der Wärmeverlust der Mauer beträgt bei diesen Temperaturen also **200 Watt**. Wird es draußen kälter, wird der Verlust höher, sofern die Innentemperatur konstant bleiben soll.

Ein **Beispiel**: Lautet die Außentemperatur -10 °C und bleibt die Innentemperatur bei 20 °C, sieht die Berechnung so aus:
1 (U-Wert) x 10 m^2 (Fläche) x 30 (Temperaturdifferenz in K) = 300 Watt

In reinen Zahlen wäre dies:
1 x 10 x 30 = 300

Eine effiziente Wand oder ein effizient isoliertes Dach sollten einen U-Wert von weniger als 0,2 haben. Bei einem U-Wert von 0,2 sieht die Berechnung beispielsweise so aus:
0,2 x 10 x 30 = 60

Der Wärmeverlust beträgt jetzt nur noch 60 Watt. Der Wärmeverlust wird dabei für eine volle Stunde berechnet. Bei oben genannten Beispielen beträgt der Verlust also 200 Watt pro Stunde, 300 Watt pro Stunde oder 60 Watt pro Stunde – und das gilt nur für die eine berechnete Wand. Der Verlust muss also für jede Wand einzeln ausgerechnet und mit den anderen Werten verrechnet werden. Selbstverständlich sind die Zahlen im Sommer deutlich niedriger als im Winter. Beträgt die Außentemperatur beispielsweise bereits 18 Grad, liegt die Temperaturdifferenz nur noch bei 2 Grad. Dadurch berechnet sich bei einem U-Wert von 0,2 ein Wärmeverlust von 4 Watt (0,2 x 10 x 2 = 4).

Wenn Sie sich unter diesen Angaben konkrete Energieleistungen vorstellen möchten, denken Sie einfach an die Leistung einer 60-Watt-Glühbirne. Sie verlieren bei einem Verlust von 60 Watt also etwa die gleiche Energiemenge, die eine 60-Watt-Birne innerhalb einer Stunde verbraucht. Der Verbrauch von einem Liter Heizöl liegt bei etwa 10.000 Watt. Haben Sie einen Wärmeverlust von 60 Watt pro Stunde, verlieren Sie nach etwa 166,6 Stunden die Energieleistung eines Liters Heizöl. Das hört sich zunächst nicht viel an, oder? Denken Sie daran, wie schnell sich die Mengen summieren, wenn Sie im Winter ausgiebig heizen.

Nehmen wir beispielsweise an, dass Sie im Winter tagsüber eine Temperatur von 20 Grad konstant halten möchten. Selbst wenn Sie die Heizung nachts runterdrehen und die Innentemperatur auf 15 bis 16 Grad fallen lassen, können Sie von 16 Stunden Heizungskraft ausgehen (8 Stunden von 24 werden hier als Nachtsenkung berücksichtigt). Besteht eine Außentemperatur von 0 Grad, erfolgt die Berechnung wie folgt:
0,2 x 10 m^2 x 20 K = 40 Watt (pro Stunde)
40 Watt x 16 Stunden am Tag = 640 Watt (pro Tag)
10.000 Watt (Leistung eines Liters Heizöl) : 640 Watt (pro Tag) = **15,625**

Sie haben also die Leistung eines Heizölliters nach gut 15 Tagen aufgebraucht. Das bedeutet, dass sie ungefähr alle zwei Wochen einen Liter Heizöl verlieren – und das bei einer einigermaßen zufriedenstellenden Dämmung mit einem U-Wert von 0,2. Haben Sie nun eine schlechte Dämmung mit einem U-Wert von 1, sieht die Berechnung so aus:

1 x 10 m² x 20 K = 200 Watt (pro Stunde)
200 Watt x 16 Stunden am Tag = 3.200 Watt (pro Tag)
10.000 Watt : 3.200 Watt (pro Tag) **= 3,125**

Sie verlieren also etwa einen Liter Heizöl nach etwas mehr als drei Tagen – und das gilt nur für eine Wand. Halten sich die Temperaturen im Winter über einen längeren Zeitraum um die Null Grad, kann das einen enormen Energieverlust bedeuten. Sie erkennen also, warum eine gute Dämmung von höchster Wichtigkeit ist.

Die Berechnung des U-Wertes bei Fenstern ist deutlich komplexer. Hier wird ein eigener U-Wert genutzt, da die Kombination aus Glas und Rahmen einiges verändert. Der U-Wert wird hier als Uw-Wert angegeben. Das kleine „w" steht dabei für *windows* (aus dem Englischen = Fenster). Dieser Wert kombiniert die Eigenschaften von Glasscheibe und Rahmenmaterial. Ein effizienter Wert für Fenster liegt bei etwa 0,9. Alte, einfach verglaste Fensterscheiben haben häufig einen Wert von 5 – dieser liegt deutlich über dem Ideal. Der Unterschied zwischen alten und modernen, isolierten Fenstern kann also ziemlich groß sein.

Insbesondere bei der Innen- oder Außendämmung von Decken, Dächern und Dachschrägen dürfen bestimmte U-Werte nicht überschritten werden. Für die Altbausanierung bedeutet das:

Außenwände, Dachschrägen und Steildächer dürfen einen U-Wert von 0,24 nicht überschreiten. Flachdächer müssen sogar einen U-Wert von 0,20 einhalten. Bauherren haben bei Sanierungsarbeiten teilweise die Pflicht, für eine ordentliche Wärmedämmung zu sorgen. So sind beispielsweise Regelungen zur Pflichtdämmung von begehbaren, aber nicht zugänglichen obersten Geschossdecken vorhanden.

Als begehbar, aber nicht zugänglich gilt eine Geschossdecke, wenn sich der Dachraum nicht für einen späteren Umbau zu einem Dachzimmer eignet, gleichzeitig jedoch – bei durchschnittlicher Körpergröße – Platz zum Stehen bietet (die durchschnittliche Körpergröße beträgt in Deutschland 1,80 m bei Männern und 1,66 m bei Frauen). Die Pflicht zur Dämmung entfällt wiederum, wenn das Dach selbst von außen oder innen gedämmt ist.

Eine sorgfältige Dämmung soll dem Entweichen der Heizwärme entgegenwirken. Das schont die Umwelt sowie die Heizkosten. Bevor Sie Ihr Sanierungsvorhaben starten, sollten Sie die Regelungen zur Dämmung gründlich studieren und sich ggf. über die vorhandene Dämmung sowie eventuelle Vorhaben informieren.

Sanierung: Grundlagen & Wissenswertes

In diesem Kapitel soll Ihnen ein Grundlagenwissen für Sanierungsvorgänge vermittelt werden. Welche Sanierungsvorgänge werden Sie angehen wollen? Was können Sie selbst erledigen und wo sollten Sie lieber einen Fachmann ans Werk gehen lassen? Lernen Sie verschiedene Sanierungsvorgänge kennen und erfahren Sie alles, was Sie wissen müssen, um Ihre DIY-Projekte zu beginnen!

Grundsätzliches

Bei der Sanierung sollten Sie stets einem guten Plan folgen. Überlegen Sie sich vor Beginn genau, welche Sanierungsarbeiten anfallen und in welcher Reihenfolge Sie die Arbeiten am sinnvollsten durchführen sollten. Erstellen Sie sich dazu eine gute Übersicht und orientieren Sie sich dabei eng am erstellten Plan. So verlieren Sie nicht die Übersicht und verstricken sich nicht in unnötigen Fragen und Details, wenn es an das eigentliche Umsetzen geht.

Natürlich kann der Plan je nach Vorhaben sehr unterschiedlich aussehen, aber die hier aufgeführte Reihenfolge kann nichtsdestotrotz als Orientierungsbasis für Ihr eigenes Projekt dienen:

- Abriss und Wandöffnungen
- Rohbau
- Fassaden
- Keller
- Dachdecken (ohne Dämmung)
- Trockenbauphase I
- Installation von Wasser und Heizung
- Elektroinstallation
- Dachdämmung
- Trockenbauphase II
- Außendämmung
- Fenstereinbau
- Innenputz
- Türen, Fußböden und Treppen
- Wände fertigstellen (unter anderem Tapezieren und Streichen)
- Sanitäranlagen
- Kleinere Nachbesserungen / Einrichtung

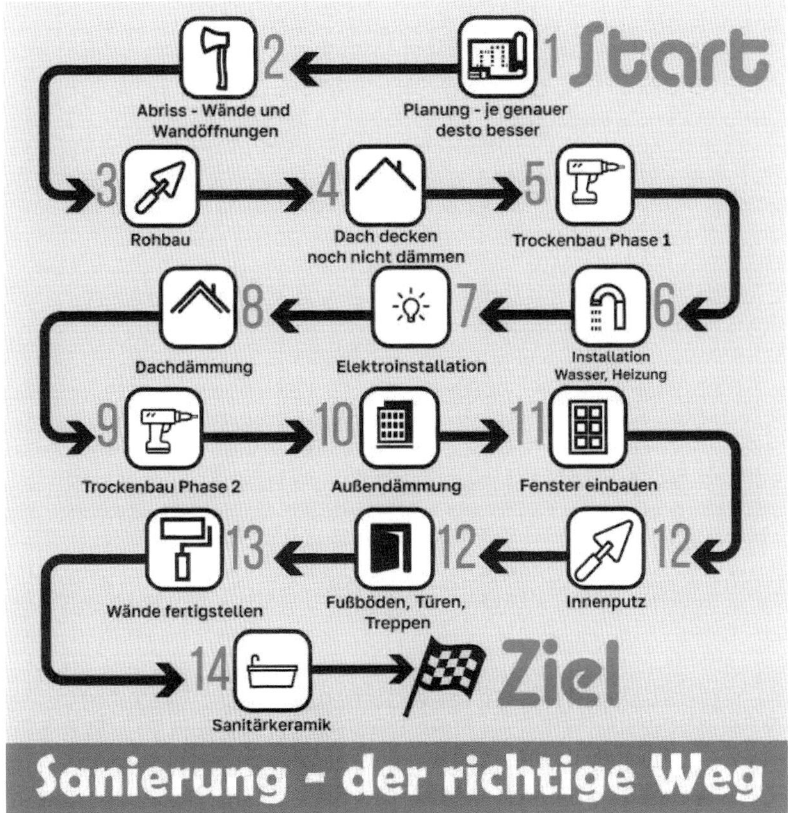

Sie werden möglicherweise nicht alle dieser Schritte durchführen. Dies hängt stark vom Aufwand der geplanten Arbeiten ab. Dennoch kann es hilfreich sein, sich an diesen groben Plan zu halten. Falls Sie sich jetzt nicht sicher sind, welche Arbeiten im Einzelfall unter den Punkten anfallen, müssen Sie sich keine Sorgen machen. Sie werden im Folgenden genau lernen, worum es sich z. B. bei der Trockenbauphase handelt oder welche Arbeiten zum Innenputz gehören!

Ein Hinweis vorab: In diesem Kapitel lernen Sie vor allem die Theorie hinter den eigentlichen Sanierungsarbeiten kennen. An die Praxis geht es dann im Kapitel „Altbausanierung DIY – Jetzt geht es los". Dieses Kapitel stellt sozusagen die Grundlage für den späteren Praxisteil dar.

Der Abriss

Viele Selbermacher gehen beim Abriss viel zu zaghaft vor. Mit Vorsicht werden erste Holzverkleidungen ausgerissen, Fliesen bleiben häufig noch eine Weile länger liegen. Ständig müssen Arbeiten wieder unterbrochen werden, um irgendwo noch etwas herauszureißen. Der gesamte Abriss verlängert sich bei dieser Vorgehensweise erheblich. Außerdem ist es oftmals hinderlich, wenn Baubestandteile, die ohnehin raussollen, noch im Weg sind. Einfacher und auch übersichtlicher wird das Vorhaben, wenn direkt mit einem Schwung alles herausgerissen wird, was eh entfernt werden soll – oftmals sind das z. B. Böden, Wände, Fliesen, Holzverkleidungen oder Dielen. Wichtig ist jedoch, nichts herauszureißen, was die Stabilität des Gebäudes gewährleistet. Daher ist die Erfassung der statischen Daten vor Beginn so wichtig. Solange das Herausreißen jedoch die Stabilität des Altbaus nicht gefährdet, machen Sie in der Regel nichts falsch, wenn Sie alles auf einmal herausnehmen.

Als Ausnahme gilt jedoch eine potenzielle Weiternutzung der Bestandteile. Möchten Sie beispielsweise alte Dielenböden wieder aufbereiten, kann es praktisch sein, einen PVC-Boden während der aktiven Umbauphase aus Schutzgründen noch über dem Holzboden ruhen zu lassen. Schließlich kann dieser bei den Bauarbeiten schmutzig und beschädigt werden – dies wäre kein Problem, wenn er ohnehin rausgerissen werden soll. Die alten Dielen bekommen keine Schäden ab und können später aufbereitet werden. Auch das Herausreißen der Fenster kann noch etwas warten, wenn es draußen noch sehr kalt ist – schließlich ist das Arbeiten bei offenem Fenster kein Zuckerschlecken. Dielen, alte Elektroleitungen und andere Bauteile, die nur im Weg sind (also keinerlei Nutzen mehr haben können), dürfen sofort entfernt werden.

Auch für die Entsorgung ist das einmalige Herausreißen vorteilhaft. Sie sparen sich dadurch zahlreiche Gänge zum Recyclinghof. Bestellen Sie am besten einfach einen Container und geben Sie in einem Rutsch alles ab, was Sie entfernen möchten. Viele Abrissarbeiten können Sie ohne Hilfe durchführen. Aufpassen sollten Sie nur bei statisch relevanten Bauwerksteilen und Elektroleitungen. Lassen Sie für solche Bereiche lieber einen Spezialisten kommen, der Sie berät und Ihnen erklärt, wie Sie sicher vorgehen können.

Wenn Sie für den Abriss lieber professionelle Hilfe nutzen möchten, finden Sie auch zahlreiche Firmen, die diesen Service anbieten.

DER ROHBAU

Als Rohbau wird im Bauwesen ein Bauwerk bezeichnet, das nur in der äußeren Kontur, einschließlich Dachkonstruktion, fertiggestellt ist. Hingegen sind bei einem Rohbau noch keine Fassadenverkleidungen, keine Fenster und kein Innenausbau durchgeführt worden. Die zweckbestimmte Nutzung des späteren Bauwerks ist bei einem Rohbau in der Regel also nicht möglich.

An Rohbauten können einige Arbeiten durchgeführt werden. Zu diesen gehören insbesondere:

- Arbeiten am Fundament
- Arbeiten an der Mauerkonstruktion
- Arbeiten an der Deckenkonstruktion
- Arbeiten an der Dachkonstruktion

Grundsätzlich sind Roharbeiten großflächig und haben entscheidenden Einfluss auf die Statik des Bauwerkes. Schließlich gehören Bauwerkteile wie Mauern und das Fundament zu den tragenden Elementen.

Jeder Hausbau beginnt mit dem Rohbau. Daher steht dieser auch bei größeren Sanierungen stets als Erstes auf dem Programm. Insbesondere die Abrissmaßnahmen betreffen den Rohbau. So gehören zum Rohbau beispielsweise das Durchführen von Deckendurchbrüchen, aber auch das Setzen von Zwischenwänden, das Bauen von neuen Decken oder das Gießen von Estrichböden (Tipp: Sollen Fußbodenheizungen eingebaut werden, muss mit dem Estrich noch gewartet werden – mehr dazu später; informieren Sie sich hier gegebenenfalls auch noch beim Spezialisten). Im Folgenden wird genauer auf die wichtigsten Details des Rohbaus eingegangen.

Estrich bezeichnet einen Fußbodenaufbau als ebene Unterschicht für einen Bodenbelag. Estrichböden bestehen in der Regel aus mehreren Schichten Estrichmörtel. Sie werden gegossen und bilden einen ebene Untergrund, sodass ein Belag gerade und ohne Unebenheiten aufgebaut werden kann.

Fundament

Das Fundament stellt die Basis des Gebäudes dar. Der Begriff leitet sich von dem lateinischen Wort „fundus" ab, was „Bodengrund" bedeutet. Früher wurden für das Fundament häufig Materialien wie Platten, Pfähle, Träger und Steine genutzt. Heutzutage besteht das Fundament überwiegend aus Stahlbeton. In der Regel ist das Fundament deutlich schwerer, steifer und schwingungsresistenter als die Bauteile, die an oder auf dem Fundament befestigt werden. Das Fundament muss schließlich einen stabilen Untergrund für das restliche Bauwerk darstellen. Unbeabsichtigte Verformungen oder Bewegungen am Fundament müssen daher unbedingt verhindert werden.

Wenn Sie in einen Altbau ziehen, haben Sie es möglicherweise mit einem alten und abgenutzten Fundament zu tun. Ob ein Fundament erneuert werden sollte, hängt davon ab, wie intakt es noch ist. Beschädigte Fundamente machen sich beispielsweise durch Risse oder eindringende Nässe bemerkbar. Wenn Sie Schäden feststellen, sollten Sie als Erstes nachschauen, welche Art Boden in Ihrem Altbau ruht. Davon ist die weitere Vorgehensweise abhängig.

Altbauten stehen häufig auf einem sogenannten Streifenfundament. Ein Streifenfundament ist, wie sein Name schon sagt, streifenartig aufgebaut. Dabei werden ausschließlich die Bodenbereiche mit Beton stabilisiert, auf denen später die tragenden Gebäudewände gebaut werden sollen. So wurden Gräben in etwa der doppelten Breite der geplanten Wände ausgehoben und mit Beton gefüllt. In einigen Fällen wurden zusätzlich Stahleinlagen an den Hausecken eingebaut. Der Vorteil dieser Fundamentvariante: Die Materialkosten fallen deutlich niedriger aus, da keine durchgehende Platte betoniert werden muss. Streifenfundamente können jedoch nur auf einem sehr tragfähigen Boden gebaut werden, da ansonsten die Gefahr besteht, dass der Boden unter dem Gewicht des Hauses nachgibt. Außerdem ist der Schutz vor Bodenfeuchtigkeit durch ein durchgehendes Fundament deutlich besser gewährleistet.

Die Alternative zum Streifenfundament ist eine Bodenplatte. Sie stellt einen durchgehenden Boden dar, auf dem das gesamte Haus ruht. Durch dieses Fundament werden nicht nur die Mauern, sondern der gesamte Boden stabilisiert.

Grundsätzlich stehen Ihnen beim Fundament vier Sanierungsmöglichkeiten zur Verfügung:

1. Gießen einer Bodenplatte
2. Stärkung des Fundaments
3. Abdichtung von Bodenplatte und Wänden
4. Ersatz des Fundaments

Das Gießen einer Bodenplatte kommt bei einem Streifenfundament in Frage. Durch das Bodenplattengießen kann nachträglich mehr Stabilität erzeugt werden. Eine abgedichtete Bodenplatte sorgt am zuverlässigsten dafür, dass Feuchtigkeit draußen bleibt. Alternativ können auch Sand und der Naturboden für eine feste Grundlage sorgen. Insbesondere dann, wenn das Erdgeschoss oder Untergeschoss als eigenständiger Raum bzw. für mehrere Räume genutzt und vollständig eingerichtet werden soll, ist eine feste Bodenplatte von Vorteil.

Die Stärkung des Fundaments lohnt sich vor allem dann, wenn das Fundament nur teilweise beschädigt ist. Um das Fundament zu stärken, müssen zunächst alle losen Teile des Fundaments entfernt werden. Anschließend wird das Fundament neu mit Beton gefüllt. Die Stärkung gelingt am einfachsten von innen, da Sie dann den Boden um das Haus herum nicht umgraben müssen.

Die Abdichtung kommt vor allem dann in Frage, wenn es sich lediglich um ein Feuchtigkeitsproblem handelt. Dringt Feuchtigkeit trotz (überwiegend unbeschadeter) Bodenplatte in das Haus, muss das Fundament neu abgedichtet werden. Auch eine (zeitgleiche) Abdichtung der Wände kann dabei vorgenommen werden. Dringt Feuchtigkeit sowohl über die Wände als auch das Fundament ins Haus ein, lohnt es sich, beide Bereiche in einem Rutsch abzuarbeiten.

Das Fundament ganz oder teilweise zu ersetzen, ist die aufwändigste Arbeit. Hierzu muss das ganze Haus abgerissen werden. Erst, wenn alle anderen Teile abgerissen wurden, lässt sich das Fundament großflächig oder gar ganz entfernen. Im Anschluss kann ein neues Fundament erstellt werden. Die einfachste Variante ist die des Betongießens.

Die Abdichtung, Stärkung und Reparatur des Fundaments können Sie in vielen Fällen selbst vornehmen. Allerdings sollten Sie stets einen Statiker zu Rate ziehen und ihn fragen, welche Variante er für sinnvoll und sicher hält. Schwieriger wird das Vorhaben beim Gießen einer Bodenplatte bzw. beim Ersetzen des bestehenden Fundaments. Hier benötigen Sie professionelle Hilfe – vor allem, da diese Schritte ohne Hausabriss nicht ausgeführt werden können.

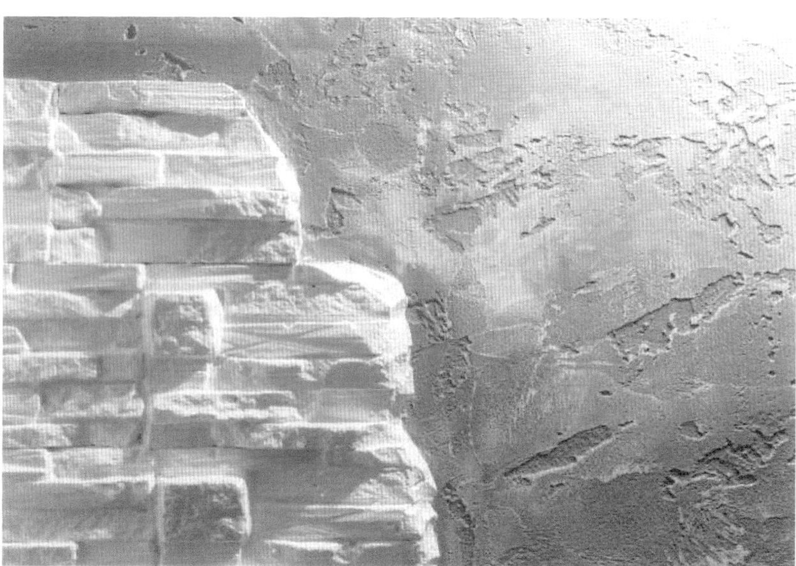

Mauerkonstruktion

Historische Mauern haben einen gewissen Charme – leider haben sie gleichzeitig in vielen Fällen merklich unter der jahrelangen Abnutzung gelitten. Wenn Ihre Mauern nicht mehr vollkommen intakt sind, sollten Sie unbedingt Sanierungsmaßnahmen vornehmen. Das Mauergerüst ist schließlich von größter Bedeutung für die Stabilität des Gebäudes. Sanierungsmaßnahmen am Mauerwerk gehören zu den wichtigsten Arbeiten am Rohbau.
Sie erkennen sanierungsbedürftige Mauern meistens sehr einfach: Sie zeigen Risse oder offensichtliche Bruchstellen. Als Erstes müssen Sie feststellen, wie groß der Sanierungsbedarf ist. Es gilt also, den Gesamtzustand und die Qualität (z. B. in Bezug auf Schäden) des Mauerwerks zu überprüfen. Stellen Sie sich dabei folgende Fragen:

- Wie gerade / schräg verlaufen die Mauern?
- Wie viele Risse finden Sie und wie groß sind die Risse?
- Wie verlaufen die Risse?
- Welches Material wurde verwendet und wie reagiert dieses auf zeitliche Veränderungen?
- Welche Kräfte wirken auf das Gefüge? Werden Mauerpartien beispielsweise durch den Schub von Dachwerken auseinandergedrückt?

Nur unter Beachtung aller Einzelheiten können Sie genau feststellen, wo Handlungsbedarf ist. Risse entstehen häufig durch ein Zusammenspiel von einwirkenden Kräften, Beanspruchung durch Wind, Wetter und Arbeiten (beispielsweise Bohrungen) und durch eindringende Feuchtigkeit (diese kann Bindemittel lösen und dadurch zusätzlich für Löcher und Risse im Mauerwerk sorgen).
Haben Sie alle Schwachstellen der Mauerkonstruktion identifizieren können, geht es an das Ausbessern. Beim Ausbessern haben Sie folgende Möglichkeiten:

1. Fugensanierungen
2. Füllen der Hohlräume (Mauerwerkinjektionen)
3. Vernadelungen
4. Verankerungen
5. Austausch des Mauerwerks

Fugensanierung und Mauerwerkinjektionen

Sind Fugen nur geringfügig beschädigt, können Sie Sanierungsarbeiten in der Regel selbst durchführen. Sanierungen von Fugen und Füllen von Hohlräumen zählen zu den einfachsten Sanierungsarbeiten. Häufig können diese Arbeiten von Ihnen alleine zuhause durchgeführt werden. Zuvor müssen Sie jedoch beachten, dass Sie nicht jeden beliebigen Mörtel nutzen können, um die Mauern wieder instand zu bringen. Nicht jedes Material verträgt sich mit dem Bestandsmörtel. Gipshaltige Mörtel können beispielsweise mit zementhaltigen Materialien chemisch reagieren, was zu weiteren Schäden im Mauerwerk führen könnte. Auch die Feinheit der Materialien und die genutzten Maschinen spielen eine nicht unerhebliche Rolle. Am besten lassen Sie also einen Experten kommen, der Ihnen genaue Auskunft über die Situation Ihres Mauerwerkes gibt. Dadurch können Sie auch sicherstellen, ob sich das Sanieren und Befüllen bei Ihrem Mauerwerk lohnt. Andernfalls könnten möglicherweise schwerwiegende Probleme entstehen, die die Sanierungsarbeiten komplizierter machen können. Haben Sie mit dem Experten gemeinsam das passende Material herausfinden können, können Sie unter Umständen bereits mit dem Füllen der Lücken beginnen. Haben Sie nur kleine Hohlräume und Löcher zu füllen, können Sie problemlos – nach Materialabstimmung – mit dem eigenhändigen Füllen beginnen. Der Prozess gliedert sich in drei Schritte auf:

- Sie säubern die entsprechenden Stellen. Das bedeutet, Sie entfernen (ggf. mit Hilfe von Werkzeugen) alten Putz, abblätternde Schichten und Dreck.
- Sie nehmen kleine Bohrungen an den Stellen vor, um die Löcher gleichmäßig füllen zu können.
- Sie wählen passendes Füllmaterial und befüllen (gegebenenfalls mit Hilfe von Einfüllstutzen, sogenannten Packern) die Bohrlöcher. Füllmaterialien können aus künstlichen und chemischen Stoffen gewonnen werden oder natürlichen Ursprungs sein (beispielsweise Lehm-Füllungen). Mehr dazu finden Sie in dem Kapitel über Baustoffe.

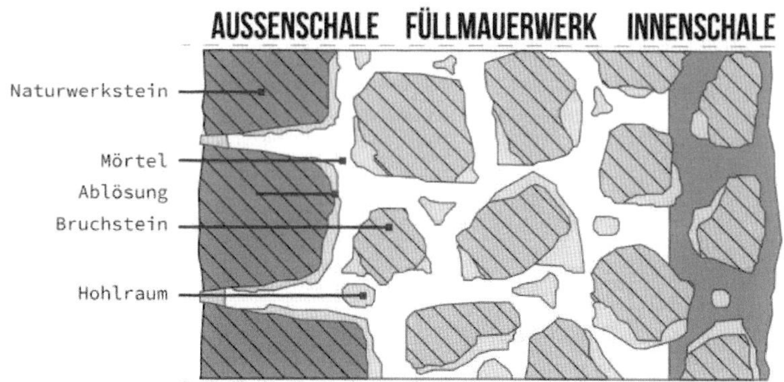

Denken Sie daran, auch kleine Risse im Umfeld der Löcher zu füllen, sodass das Füllmaterial nicht an anderen Stellen wieder ausläuft oder überquellt. Mehr zu den Details und Schritt-für-Schritt-Anweisungen finden Sie im praktischen Teil.

Vernadelungen

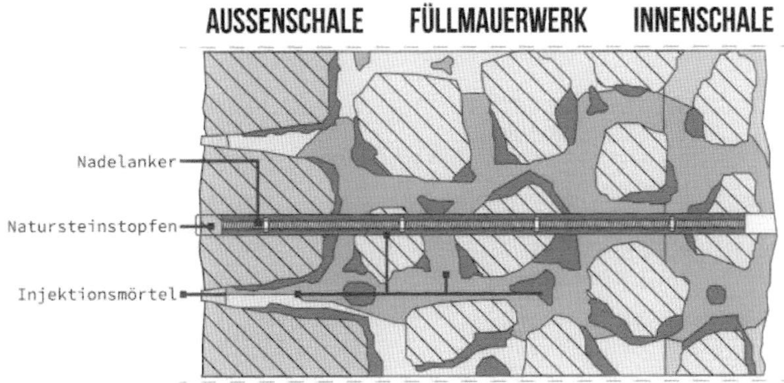

Außenmauerwerke historischer Bauten sind häufig als sogenannte mehrschalige Mauerwerke ausgebildet worden. Das bedeutet, dass die Mauer aus mehreren „Schichten" besteht. Diese Schichten sind mit Bruchsteinen und Mörtel verbunden. In vielen Altbauten liegt ein 1 cm breiter Hohlraum zwischen der Außen- und Innenschicht. Gerade innerhalb der Innenfüllung eines solchen Mauerwerks kann es schnell zu Hohlräumen kommen. Das kann schlichtweg am Alter des Mörtels liegen, aber auch an Auswaschungen oder schlechter Verarbeitung. Vernadelungen sollen dafür sorgen, dass wieder mehr Standsicherheit in das Mauerwerk kommt. Dabei werden Stahlstäbe in das Mauerwerk eingeführt, die für mehr Stabilität sorgen sollen. Dies können beispielsweise Betonstäbe sein. Auch für die Vernadelungen werden Bohrungen in der Mauer notwendig, damit die „Nadeln" (Betonstäbe) richtig eingesetzt werden können. Theoretisch können Sie Vernadelungen mit ein wenig Geschick und guten Ausrüstungen selbst durchführen. Allerdings gibt es zahlreiche Firmen, die solche Services anbieten. In jedem Fall sollten Sie vorher einen Experten zur Beratung hinzuziehen oder gar lieber den Service einer professionellen Firma in Anspruch nehmen. Nur so können Sie sicherstellen, dass Vernadelungen mit dem richtigen Material und an der richtigen Stelle durchgeführt werden. Im Anschluss sollten Sie die Stabilität der Vernadelungen durch einen Statiker überprüfen lassen.

Verankerungen

Verankerungen sind – ähnlich wie Vernadelungen – eine zusätzliche Absicherung für stabile Mauerkonstruktionen. Zur Verankerungen werden sogenannte Sanieranker eingesetzt, beispielsweise in Form von Kunststoffdübeln, chemischen Ankern oder Verbunddübeln. Bei den meisten Ankersystemen handelt es sich um quer verlaufende Stützen, die zur Sicherung in das Gewölbe oder in Stützmauern eingesetzt werden. Alternativ gibt es auch die

Möglichkeit, längs laufende Anker einzusetzen, die beispielsweise in Fensterachsen zum Einsatz kommen.

Maueraustausch

Ist das Mauerwerk stark brüchig, hilft oft nur ein Austausch. In dem Fall sollten Sie stets eine Firma beauftragen, die sich um den Mauerbau kümmert. Bei der ersten Inspektion durch einen Experten wird man Ihnen in der Regel bereits sagen können, ob sich Sanierungsarbeiten am Mauerwerk lohnen oder ob Sie eine vollständig neue Mauerkonstruktion benötigen. Falls dies nicht möglich sein sollte, wird das alte Mauerwerk abgerissen und ein komplett neues Mauerwerk gebaut.

Deckenkonstruktion

Auch in Bezug auf die Deckenkonstruktion können einige Sanierungsarbeiten anfallen. Die grobe Deckenkonstruktion ist ebenfalls Teil des Rohbaus. Auch hier kann es vorkommen, dass einfachere Sanierungsarbeiten ausreichen. Haben Sie beispielsweise nur kleinere Makel gefunden, etwa leicht zu behebende Brüche oder Risse an einzelnen Stellen, können Sie die Deckenkonstruktion in der Regel einfach nachbessern.

Allerdings sollten Sie im Hinterkopf behalten, dass es durchaus auch zur kompletten Renovierung (u. a. Neubau) der Deckenkonstruktion kommen kann. Das ist etwa bei großen Wasserschäden, Schimmelbefall oder instabilen Konstruktionen der Fall. In vielen Altbauten wurden früher undichte oder brüchige Stellen nur provisorisch geflickt. Dadurch entstehen unregelmäßige Anhäufungen von Balken und Dielen, Dielen, die kreuz und quer gelegt wurden, Materialunterschiede, die sich ungünstig auswirken können, und andere Probleme. In solchen Fällen ist eine komplette Neukonstruktion häufig unvermeidlich. Ob Ihre Konstruktion noch reparierbar ist, hängt auch von Ihrem handwerklichen Geschick ab. Wer bereits viel handwerkliche Erfahrung hat, kann häufig auch Wasserschäden oder Brüche an einzelnen Stellen ausbessern, sofern der Rest der Konstruktion noch in Ordnung ist. Beraten kann Sie im Zweifelsfall ein Fachmann.

Muss der komplette Deckenaufbau neu errichtet werden (beispielsweise, weil die Decke morsch oder brüchig geworden ist), muss zunächst der Abriss der alten Decke erfolgen. Ein Experte wird Ihnen auch darüber Informationen im Rahmen einer Erstinspektion mitteilen. Kleinere Sanierungsarbeiten können Sie häufig selbst vornehmen. Denken Sie jedoch daran, dass auch die Decke zu den tragenden Bauteilen gehört und unbedingt stabil sein muss. Lassen Sie hier auf jeden Fall einen Experten (i. d. R. einen Statiker) kommen, der Ihnen Sicherheit und Stabilität Ihres Vorhabens bestätigt.

Moderne Bauten besitzen häufig Betondecken. Reißen Sie Ihr historisches Deckenkonstrukt ohnehin aus, haben Sie die Möglichkeit, durch eine Firma eine solche Decke einbauen zu lassen. Ob Sie das möchten, sollten Sie sich jedoch gut überlegen, denn schließlich gehören zum Altbaucharme unter anderem auch die schönen Dielen- und Stuckdecken. Stuckdecken können aber auch rekonstruiert werden. Einen solchen Service können Sie in den Angebotskatalogen einiger (Innen-)Architekturbüros wiederfinden. Hierbei sollten Sie jedoch mit hohen Kosten rechnen. Wenn Sie also die Möglichkeit zur Erhaltung der originalen Stuckdecken haben, sollten Sie diese auch ausschöpfen.

Dachkonstruktion

Auch die Dachkonstruktion ist ein Teil des Rohbaus. Zur Dachsanierung gehören in der Regel die folgenden Sanierungsarbeiten:

1. Austausch einer Dacheindeckung (das betrifft die äußerste, regenabweisende Schicht des Daches, beispielsweise die Ziegel)
2. Austausch oder Neueinbau einer Dämmung (das betrifft die Dämmschicht, also die Füllmaterialien, die zum Wärmeerhalt eingebaut wurden)
3. Erneuerung des Dachstuhls (das betrifft das Gefüge bzw. das Tragegerüst des Daches)
4. Erneuerung einer Dachentwässerung (das betrifft die Entwässerungsanlagen, wie Regenrinnen und Abflussrohre)

Auch hier hängt die Notwendigkeit einer Maßnahme vom Einzelfall ab. Lassen Sie sich daher umfassend beraten. Ob ein Dachstuhl aufgrund des Alters morsch geworden ist, ist häufig schon von außen zu sehen. Ein klares Anzeichen dafür ist (wenn auch nur teilweise) das Durchhängen des Daches. Unwetterschäden sind ebenfalls schnell zu erkennen und treten relativ häufig auf. Dabei handelt es sich vor allem um Schäden an der Dachdeckung, aber unter Umständen auch am Dachstuhl (beispielsweise Undichtigkeiten). Die Errichtung und Erneuerung eines Dachstuhls gehören zu den aufwändigsten Arbeiten an einem Haus. Diese Arbeiten sollten aus diesem Grund nur von professionellen Firmen vorgenommen werden. Auch wenn die Arbeit im

Grunde unter fachmännischer Beratung selbst durchgeführt werden kann, sollten Sie dennoch einen Experten konsultieren.

In vielen Fällen wird in einem Altbau auch eine neue Dämmung nötig. Idealerweise ziehen Sie einen professionellen Energieberater zu Rate. Dieser kann genau einschätzen, welche Maßnahmen sofort oder zeitnah erforderlich sind, um möglichst kostengünstig zu heizen – denn schlecht gedämmte Räume können in Kombination mit einem unvorteilhaften Heizprogramm beispielsweise die Schimmelbildung begünstigen. Mehr zur Dachdeckung und zur Dachdämmung lesen Sie im entsprechenden Abschnitt.

Fassadenbau

Gebäudefassaden grenzen unmittelbar nach Außen an den Rohbau an. Hier kommt es ganz entscheidend darauf an, ob Sie große Erneuerungen vornehmen müssen, die zum Mauerwerk gehören, oder ob kleine Ausbesserungsarbeiten ausreichen. Haben Sie beispielsweise Risse in der Fassade, sind diese möglicherweise leicht zu füllen. Ist die Standsicherheit jedoch gefährdet, müssen Sie wiederum großflächige Veränderungen vornehmen. Dies fällt sehr wahrscheinlich dann also zusätzlich unter den Bereich der Mauerwerkkonstruktionen. Haben Sie große Schäden an den Fassaden feststellen können, kommen Sie um eine Sanierung des Mauerwerkes nicht herum. Sind die Fassaden jedoch überwiegend intakt, können Sie direkt zum nächsten Schritt übergehen. Wenn Sie nicht sicher sind, ob der Schaden an der Fassade statikgefährdend ist, sollten Sie auch hier einen Statiker konsultieren.

Keller

Nicht jedes Gebäude hat einen Keller. Ob Sie einen haben oder haben möchten, ist also eine persönliche Entscheidung. Der spätere Einbau eines Kellers wird dabei in die Kategorie der Fundamentarbeiten eingeordnet. Ein solches Vorhaben wird von professionellen Baufirmen durchgeführt und kann im Rahmen einer Fundamenterneuerung entstehen. Dies ist jedoch ein sehr aufwändiges Unterfangen, welches schnell kostspielig werden kann. Außerdem müssen Sie vorher überprüfen lassen, ob ein Kellereinbau aufgrund der Bodenbeschaffenheit überhaupt möglich ist.

Haben Sie bereits einen Keller, können hier Sanierungsarbeiten anfallen, die leichter zu bewältigen sind. Keller in Altbauten sind häufig feucht und neigen zu Schimmelbildung. Gerade wenn die Bauteile die Erde berühren und Grund- sowie Regenwasser von außen auf die Bodenplatte und Wände drücken, entsteht Feuchtigkeit in den Kellerräumen. Sie erkennen feuchte Keller an Salzausblühungen, Putzabplatzungen oder Schimmelbildung.

Der Begriff Salzausblühungen bezeichnet Pulver- oder Kristallansammlungen aus löslichen Salzen an den Wänden. In der Regel ist die Außenabdichtung des

Kellers beschädigt, wenn solche Anzeichen auftreten. Hier kann mit einer nachträglichen Abdichtung oder der Ausbesserung einer Abdichtung nachgeholfen werden. Damit eine Abdichtung aufgetragen werden kann, müssen die Kelleraußenwände allerdings völlig freigelegt werden. Das wiederum ist ein aufwändiges und kostspieliges Unterfangen. Alternativ können Sie die Innenwände nachträglich abdichten. Dadurch reduziert sich die Feuchtigkeit im Innenbereich. Die Außenwände bleiben jedoch feucht, weshalb es dennoch zu Schimmel und Kondenswasser im Innenbereich kommen kann. Aus diesem Grund müssen zusätzlich zur Innenabdichtung (teilweise regelmäßige) Maßnahmen zur Entfeuchtung des Kellers und zur Salzbindung durchgeführt werden. Lassen Sie sich am besten vor Beginn umfassend beraten und feststellen, welche Lösung für Ihre Kellerräume am besten geeignet ist.

Dachdecken

Der Begriff der Dachdeckung, auch Dacheindeckung genannt, bezieht sich auf die äußerste Dachschicht. Diese schützt das Dach vor potenziell schädlichen Witterungseinflüssen. Sie wird vom Dachstuhl oder der Dachkonstruktion getragen. Das Dachdecken hat noch nichts mit der Dämmung zu tun. Vielmehr geht es hier um Dachplatten oder Ziegel, die auf einer Unterkonstruktion aufgesetzt werden. Das Unterdach bildet die zweite Schicht (von außen) des Daches. Unterdachkonstruktionen gibt es in diversen Ausführungen (beispielsweise Unterspannbahn, Dachschalung, Dachpappe). Erst wenn die Unterkonstruktion gesichert ist, können Ziegel oder Dachplatten angebracht werden.

Das Dachdecken fällt streng genommen noch in den Rohbaubereich. Allerdings sollten Sie sich das Dach für den Schluss des Rohbaus aufsparen. Ist Ihr Dach nicht mehr intakt, gehört eine neue Dacheindeckung unbedingt zu den notwendigen Sanierungsarbeiten. Ob Sie dies alleine oder mithilfe von Profis durchführen, hängt von den notwendigen Maßnahmen und Ihrem handwerklichen Geschick ab. Müssen am Dach auch die sogenannten Dachsparren – die Träger der Dachkonstruktion – erneuert werden, sind diese Arbeiten in Kombination mit der Renovierung oder Erneuerung des Rohbaus auszuführen. Sind die Sanierungsmaßnahmen hingegen nur an der eigentlichen Dachdeckung vorzunehmen, können Sie unter Umständen sogar schon an anderen Stellen zu weiteren Trockenbauarbeiten übergehen, während noch am Dach gearbeitet wird. Je nachdem, ob Sie professionelle Hilfe in Anspruch nehmen oder wie viele freiwillige Helfer Sie einbinden, kann also immer wieder einmal an mehreren Stellen gleichzeitig gearbeitet werden. Dabei sollten Sie stets darauf achten, dass sich nur diejenigen Arbeiten überlappen, die auch miteinander vereinbar sind – aber falls Sie sich dabei jedoch nicht ganz sicher sind, sollten Sie sich weiterhin lieber auf eine konkrete Aufgabe fokussieren. Ist der Rohbau beispielsweise noch nicht fertig, können Sie logischerweise noch nicht mit dem Trockenbau beginnen. Allerdings ist dies auch teilweise abhängig von den örtlichen und jahreszeitlichen Verhältnissen. Eine Dachdämmung wiederum kann beispielsweise nur vor der Elektroinstallation vorgenommen werden, da die Elektroleitungen zwischen Dämmung und späterer Beplankung gelegt werden. Ist die Dämmung noch nicht fertig, kann sie nach der Elektroinstallation nicht ohne weiteres eingebaut werden. Beachten Sie daher grundsätzlich stets die sinnvolle Reihenfolge oder fragen Sie einen Experten.

Ein Dach – auch nur teilweise – neu einzudecken, ist ein sehr aufwendiger Prozess. Für eine durchschnittliche Dachfläche von 120 m² sollten Sie etwa eine Woche Zeit einplanen (+/– 2 Tage). Das gilt jedenfalls dann, wenn Sie die Arbeit ohne professionelle Hilfe durchführen möchten. Die Zeiten können jedoch auch stark variieren.

Grundsätzlich ist die Arbeit auch ohne professionelle Unterstützung möglich. Merken sollten Sie sich in dem Fall jedoch folgende Details:

- Bedenken Sie, dass Sie in vielen Fällen bei der sogenannten Unterspannbahn beginnen müssen. Der Unterspannbau ist ein flächiges Bauteil, das unter die wasserableitende Dachdeckung eingebaut wird. Es findet vor allem in Steildächern Anwendung. Der Unterspannbau verhindert, dass Regen oder Wind Schmutz unter die Dacheindeckung drücken, und hält das Dach stabiler.
- Nun müssen die neuen Dachlatten montiert werden.
- Erst wenn Unterspannbahn und Dachlatten intakt sind, können neue Dachsteine, -pfannen oder -ziegel gelegt werden. Sie werden an den Dachlatten befestigt.
- Vergessen Sie die Entwässerung eines Daches nicht: Zur Dachdeckung gehört auch das Montieren von Regenrinnen und Fallrohren.
- Auch ein Schneefang sollte anschließend auf dem Dach montiert werden.

Das Dachdecken ist nicht nur ein umfangreiches, sondern auch risikoreiches Unterfangen. Schließlich arbeiten Sie dabei in höchster Höhe. Achten Sie also unbedingt auf Sicherheitsvorkehrungen. Zwar können Sie mit dem eigenhändigen Arbeiten hohe Kosten sparen, allerdings kann diese auch viel Kraft und Nerven kosten. Im schlimmsten Fall bringen Sie sich durch z. B. mangelnde Kenntnisse oder Sicherheitsvorkehrungen in Gefahr. Daher lohnt sich im Zweifelsfall der Einsatz professioneller Services. Bei einigen Serviceagenturen können Sie durch Verhandlungen Kosten sparen (etwa, indem Sie als Helfer beim Eindecken des Daches mitarbeiten). Klären Sie solche Fragen immer individuell mit der jeweiligen Firma ab. Haben Sie nur kleine Reparaturen vorzunehmen (etwa der Austausch einzelner Ziegel), da das Dach größtenteils intakt ist, können Sie diese Maßnahmen in der Regel alleine durchführen. Achten Sie dennoch auf die Sicherheitsmaßnahmen und arbeiten Sie nicht alleine am Dach. Wenigstens eine zweite Person sollte Ihnen zur Seite stehen, um z. B. Leitern zu halten, Gegenstände anzureichen und zur Not Hilfe rufen zu können.

TROCKENBAUPHASE I

Als Trockenbauphase wird der Zeitabschnitt bezeichnet, der sich mit nicht tragenden, aber häufig raumbegrenzenden Bauteilen befasst. Bauteile des Trockenbaus sind überwiegend plattenförmige Bauteile, die durch Nageln, Schrauben, Kleben oder Stecken verbunden werden. Wasserhaltige Baustoffe werden beim Trockenbau in der Regel nicht gebraucht (daher auch der Name „Trocken"-bau). Auf Mörtel, Lehm, Putz oder Beton können Sie in dieser Phase daher meist verzichten.
Zum Trockenbau gehören beispielsweise neue Zwischenwände oder die Beplankung von Dachschrägen. Direkt nach dem Rohbau, der Fassadenarbeit und der Dachdeckung können Sie in die erste Trockenbauphase übergehen. Allerdings ist jetzt noch nicht der richtige Zeitpunkt für *alle* potenziell durchführbaren Trockenbauprojekte gekommen. Sie sollten sich in der nächsten Phase insbesondere mit den Trockenbauwänden befassen, in denen später Leitungen verlegt werden. Diese Wände werden Sie für die weiteren Schritte benötigen, denn andernfalls können die Leitungen (und darauf aufbauende Konstruktionen) nicht eingesetzt werden.

INSTALLATION VON WASSER UND HEIZUNG

Im nächsten Schritt widmen Sie sich der Haustechnik. Dabei geht es um die Installation von Wasserleitungen und Heizungen. Wenn Sie Glück haben, sind die vorhandenen Leitungen und Rohre noch verwendbar. In einem historischen Gebäude herrscht hier jedoch meist ein hoher Sanierungsbedarf vor. Beachten Sie: Vor der Bestellung einer Heizungsanlage müssen Sie wissen, welche Dämmung und welche Fenster das Haus später bekommen soll. Mehr zu den unterschiedlichen Dämmarten erfahren Sie im Abschnitt „Außendämmung". Andernfalls besteht die Gefahr, dass die Heizungsanlage falsch dimensioniert ist. Befassen Sie sich daher spätestens vor Bestellung des Installateurs mit diesen Fragen. Im Grunde sollten solche Details bereits bei der Planung bedacht werden.

Zu Beginn widmen Sie sich den Abwasserrohren. Diese benötigen zwingend ein Gefälle. Müssen Sie neue Abwasserrohre verlegen, sollte dies die erste Aufgabe dieser Phase sein. Andere Leitungen dürfen bei diesen Arbeiten nicht bereits verlegt sein, da diese den Bauprozess sonst stören können. Müssen Sie die Rohre hingegen nur ausbessern oder teilweise ersetzen, können Sie dies auch häufig trotz des Vorhandenseins anderer Leitungen durchführen. Nach der Sanierung der Abwasserrohre folgt die der Wasserleitungen. In der Regel werden alle diese Arbeiten durch einen Heizungsinstallateur durchgeführt. Der Profi wird dabei eigenständig auf die richtige Reihenfolge achten. Wasserleitungen dürfen per Gesetz nur dann selbst verlegt werden, wenn sie nicht mit dem Zähler oder dem Hausanschluss verbunden sind. Solche, die wiederum an den Hauptwasseranschluss angeschlossen sind, müssen von einem Sanitärfachbetrieb verlegt werden. Das gilt auch dann, wenn die Leitungen direkt mit dem Wasserzähler verbunden werden sollen. Diese Regelung bezieht sich nicht nur auf die eigentlichen Leitungen, sondern auch auf die mit ihnen verbundenen Anschlüsse und Armaturen.

In der Regel verlegt der Profi auch direkt die Heizungsrohre mit. Auch viele der vorbereitenden Arbeiten für Fußbodenheizungen oder Wandheizungen werden von dem Installateur durchgeführt. Besprechen Sie Ihre Wünsche daher ausgiebig im Vorfeld. Dies kann Kosten sparen.

Muss der dafür vorgesehene Raum nicht mehr verputzt werden, kann zu diesem Zeitpunkt auch die zentrale Heizungsanlage eingebaut werden. Ist das Verputzen noch nicht fertig, sollte man mit dem Einbau der Heizungsanlage noch warten. Schließlich muss die Anlage in der Regel an einer Wand angebracht werden – nachträgliches Verputzen ist also nicht mehr möglich. Es empfiehlt sich daher, das Verputzen rechtzeitig durchzuführen.

Elektroinstallation

Nach der Installation der Wasserleitungen stehen die Elektroinstallationen an. Da es für Stromleitungen keinen Unterschied macht, wenn sie Kurven und Schnörkel zurücklegen muss, können die Leitungen um die Rohre herum gebaut werden. Rohrbiegungen für Wasserrohre hingegen machen sich finanziell sofort bemerkbar, weshalb sie stets in freie Bereiche eingebaut werden sollten. So kann der beste, kürzeste Weg gefunden werden.

Zu den Elektroinstallationen gehören gegebenenfalls das Legen neuer Leitungen, das Einbauen von Steckdosen und Lichtschaltern.

Optional gehören hier auch alle anderen elektrischen Antriebe hinzu: Möchten Sie beispielsweise elektrische Türöffner, Rollladenantriebe, Netzwerkkabel für Internet, Fernsehanschlüsse, Starkstromanschlüsse oder Ähnliches einbauen, müssen Sie bereits im jetzigen Schritt alle Leitungen und Schalter im Hinterkopf behalten und einplanen. An dieser Stelle im Prozess werden jedoch noch nicht die eigentlichen Schalter eingesetzt; vielmehr werden zunächst einmal die notwendigen Dosen und Verbindungen eingebaut. Die eigentlichen Lichtschalter werden meist nach dem Verputzen und Tapezieren der Wände angeschlossen. Für die grobe Elektroinstallation sollten Sie auf jeden Fall einen erfahrenen Profi ans Werk lassen. Auch wenn es theoretisch kein Hexenwerk ist, einen Lichtschalter anzuschließen, gilt per Gesetz, dass die Arbeit mit den Elektroleitungen Laien nicht erlaubt ist. Obwohl Lichtschalter beispielsweise im Baumarkt frei erhältlich sind, ist vorgeschrieben, dass ein Fachmann sie korrekt und sicher einsetzt. Hersteller sichern sich deshalb in der Regel durch entsprechende Hinweise auf den Verpackungen ab. Was Sie jedoch problemlos durchführen dürfen: Kleinere Elektroarbeiten, bei denen Sie nicht mit dem Strom in Berührung kommen können. Dazu zählen unter anderem:

- Der Kauf von Lichtschaltern und Steckdosen (Einbau später durch einen Fachmann; Kostenersparnisse sind durch den eigenständigen Kauf dieser Teile möglich)
- Das Verlegen von Lehrrohren und Leitungen (ohne Anschluss)
- Der Austausch von Leuchtmitteln (beispielsweise ein Glühbirnenwechsel)
- Das Anbringen eines Zählerkastens an die Wand

Arbeiten Sie auch bei diesen Maßnahmen stets unter Vorsicht und stellen Sie sicher, dass der Strom abgeschaltet ist. Auch hier gilt: Falls Sie sich nicht sicher sind, ob Sie die Arbeiten auch tatsächlich alleine ausführen können, sollten Sie lieber auf die Expertise eines Profis zurückgreifen.

Trockenbauphase II

Wenn die vorherigen Arbeiten vollständig und gründlich erledigt sind, können Sie mit dem Trockenbau fortfahren. Da nun alle Rohre und Leitungen in den Zwischenwänden verlegt sind, können Sie problemlos weiter an den Wänden arbeiten. Im zweiten Trockenbauabschnitt werden also nun die Trockenbauwände inklusive Verkleidung und Dachschrägen fertiggestellt. Dieser Prozess gliedert sich in verschiedene Phasen, welche im folgenden Abschnitt ausführlich erläutert werden.

Aussendämmung (inklusive Dachdämmung)

Mit der Renovierung der Außendämmung können Sie im Grunde schon früher anfangen. Bei ihr handelt es sich um eine der wenigen Arbeiten, die gut und gerne parallel zu anderen Phasen durchgeführt werden kann. Insbesondere neben Arbeiten, die sich eher auf den Innenraum beziehen, kann die Außendämmung problemlos beispielsweise erneuert oder ausgebessert werden – schließlich stören die Außenarbeiten das Geschehen im Inneren nur selten. Grundsätzlich können Sie sich mit der Außendämmung bereits nach dem Abschluss der Rohbauarbeiten beschäftigen. Spätestens nach der zweiten Trockenbauphase sollte jedoch damit begonnen werden.

Exkurs: Dämmarten

Die Dämmung des Gebäudes ist von höchster Priorität – schließlich hat sie beispielsweise Einfluss auf die Temperatur sowie die Luftfeuchtigkeit im Inneren Ihrer Wohnung. Aus diesem Grund sollten Sie sich gründlich mit den verschiedenen Dämmarten auseinandersetzen.

Auch hierbei ist die Konsultation eines Experten oftmals sehr hilfreich. Grundsätzlich können Sie jedoch grob zwischen drei Dämmarten unterscheiden:

1. Die Kerndämmung

Die Kerndämmung ist in der Regel die günstigste Variante. Viele Häuser, die zwischen 1900 und 1973 gebaut wurden, haben ein zweischaliges Mauerwerk mit einer Hohlschicht von mindestens vier Zentimetern. Dies betrifft vor allem Häuser in Norddeutschland. Da diese Hohlschicht nicht gedämmt ist, kommt viel kalte Luft ins Haus und die Innentemperaturen sind häufig nicht viel höher als die Außentemperaturen. Die Kerndämmung sorgt dafür, dass dieser Innenbereich mit Dämmmaterial gefüllt wird. Der Wärmeverlust kann dabei je nach Größe des Hohlraumes bis zu 70 % reduziert werden.

2. Die Dämmung der Außenfassade

Die Dämmung der Außenfassade bringt eine zusätzliche Dämmschicht an die Außenfassade an. Dies kann beispielsweise durch mineralisches Verputzen von Kanthölzern und Weichfaserplatten oder durch eine Holzverschalung geschehen.

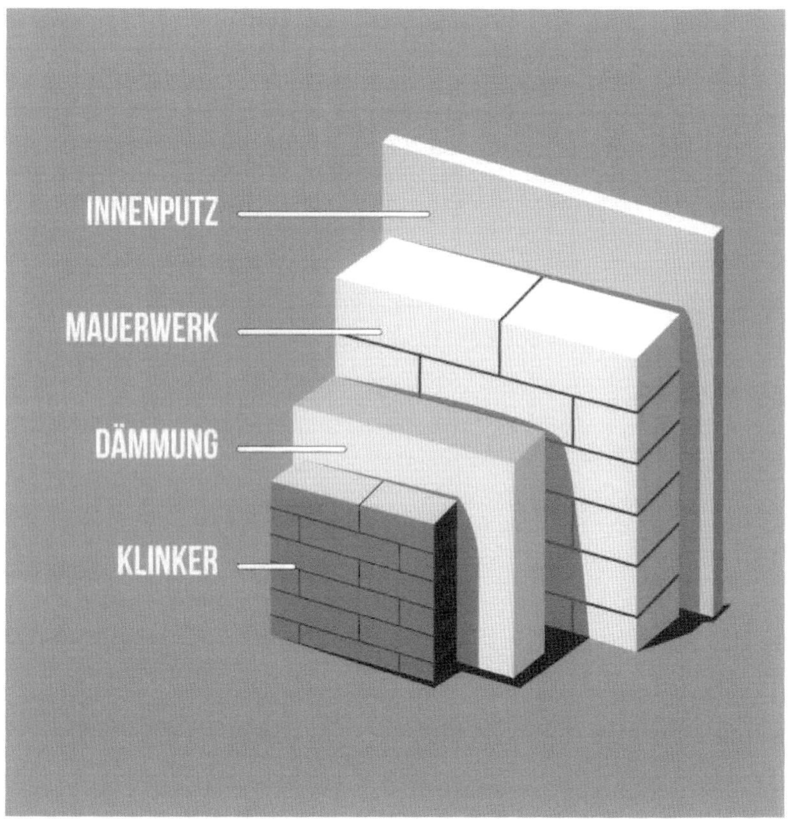

3. Die Innendämmung

Die Innendämmung wird überwiegend dann eingesetzt, wenn erhaltenswerte Fassaden vorhanden sind, die keine Hohlschicht aufweisen. Auch wenn nur Teilbereiche gedämmt werden sollen, kommt diese Dämmart in Betracht. Dieses Verfahren ist mit einer Dämmschicht ab 5 Zentimetern nach der ENEV auch für denkmalgeschützte Häuser zugelassen.
Für die Innendämmung kommen diverse Materialien in Frage. Die beliebtesten Naturstoffe für die Innendämmung sind:

- **Lehm und Holzweichfaser**

Lehm ist eine Mischung aus Ton, Sand und Schluff und das älteste Bindemittel, das im Bauwesen bekannt ist. Neben Holz ist es sogar das älteste Baumittel überhaupt. Holzweichfasern sind Faserplatten aus sehr feinen Holzfasern, die zusammengepresst wurden und als Dämmmaterial eingesetzt werden

- **Mineralschaumplatten**

Mineralschaumplatten sind Dämmplatten, die aus Mineralien wie Kalk, Quarzsand und Zement bestehen können. Außerdem wird meist ein Porenbinder eingesetzt. Achtung: Dieser kann aluminiumhaltig sein. Wenn Sie aus Umweltschutz- oder Gesundheitsgründen darauf verzichten möchten, sollten Sie sich im Fachhandel nach den Inhaltsstoffen erkundigen. Mehr zu nachhaltigen Baustoffen lesen Sie in einem späteren Kapitel.

- **Kalkdämmputz**

Kalkdämmputz besteht aus natürlichem Kalk, ist aber dennoch ein Material, dem häufig Zement untergemischt wird. Dieser Dämmputz besteht daher häufig aus einer Mischung aus Hanfkalk und Zement. Wenn Sie reine Naturprodukte suchen, sollten Sie auch hier genau auf die Beschreibung im Fachhandel achten oder gezielt nach nachhaltigen Produkten fragen.

Kalkdämmputz und Lehmdämmputz sind insbesondere aufgrund ihrer positiven Auswirkung auf das Raumklima beliebt. Sie können Luftfeuchtigkeit aufnehmen und wieder abgeben und wirken somit der Schimmelentstehung entgegen. Welches Material sich für Ihr Vorhaben am besten eignet, besprechen Sie dennoch am besten mit einem Fachmann.

Was noch erfolgt – zusätzliche Renovierungsarbeiten, die Sie nicht vergessen sollten

Außenverkleidung und Außenanstrich sind rein bautechnisch nicht mehr dringend essenziell, da sie sich eher auf den Bereich der Gebäudeästhetik beziehen und beispielsweise keine Auswirkungen auf Statik und Tektonik haben. In der Regel werden diese beiden Elemente jedoch auch renoviert – schließlich soll der Altbau ja auch von außen schön aussehen. Sie sollten aus Kostengründen direkt im Anschluss an die Dämmung erneuert werden. Das liegt überwiegend daran, dass Sie für beide Arbeiten ein Gerüst benötigen werden. Wenn Sie dieses unnötig lange leihen müssen, treibt das die Kosten rapide in die Höhe. Erledigen Sie also alle Arbeiten, für die Sie das Gerüst benötigen, so zeitnah wie möglich.

Der Außenanstrich bzw. die generelle Sanierung der Außenfassaden sind für den Denkmalschutz relevanter, als viele Menschen denken. Vergessen Sie nicht, dass Sie aus Denkmalschutzgründen dazu verpflichtet sein könnten, bestimmte Farben zu wählen bzw. beizubehalten. Ein Beispiel: Wenn Sie ein unter Denkmalschutz stehendes Gebäude in einem roten Farbton kaufen, könnten Sie unter Umständen dazu verpflichtet sein, die Außenwände im gleichen Farbton zu überstreichen. Auch die Farbart kann Ihnen vorgeschrieben werden. Im Denkmalschutz sind grundsätzlich nur natürliche Farben erlaubt. Das liegt nicht nur an den Umweltschutz- und Bestandsschutzgründen, sondern auch daran, dass moderne synthetische Farben die alten Gebäude unter Umständen beschädigen könnten. Moderne Stoffe vertragen sich häufig nicht mit alten Materialien. Mehr zum Denkmalschutz lesen Sie in einem späteren Abschnitt zu rechtlichen Rahmenbedingungen. Die Dachdämmung kann in diesem Schritt ebenfalls erledigt werden. Das Gleiche gilt für die Dämmung der Kellerdecke und der oberen Geschossdecken. Allerdings werden obere Geschossdecken in der Regel nur gedämmt, wenn es kein gedämmtes Dach gibt. Ob Sie diese Arbeiten vor sich haben, hängt also stark vom Einzelfall ab.

Außerdem kann auch der äußere Anstrich z. B. auch dann erfolgen, wenn Sie beispielsweise noch mit dem Innenraum beschäftigt sind. So kann zum Beispiel parallel gearbeitet und auch einiges an Zeit eingespart werden!

Fenstereinbau

Nach der Außendämmung sind die Fenster an der Reihe. Im Gesamtprozess ist dies die sinnvollste Stelle für die Fenstersanierung, da die Fenster ebenfalls in der Dämmebene liegen. Vorher ist eine Fenstersanierung daher nicht möglich. Fenster spielen in Altbauten eine erhebliche Rolle. Nicht selten sind die historischen Fenster besonders schön, aber leider auch schlecht gedämmt. Daher muss hier häufig etwas Extra-Aufwand betrieben werden – selbst, wenn die Fenster im Grunde gefallen. Durch die undichten Fenster entflieht dem Haus Wärme, was wiederum Heizkosten steigen lässt. Auf der anderen Seite bieten luftdurchlässige Fenster auch einen Vorteil: Sie sorgen automatisch für eine gute Durchlüftung und können dadurch Schimmelbildung vorbeugen. Das bedeutet: Wenn Sie sich aufgrund der Energieeffizienz für neue Fenster entscheiden, sollten Sie darauf vorbereitet sein, mehr gegen Schimmel unternehmen zu müssen – regelmäßiges Lüften ist also angesagt. Heutzutage können Sie dafür sogar sogenannte Lüftautomatiken einsetzen, die die Fenster in regelmäßigen Abständen automatisch öffnen und schließen. Auch ein klassischer Lüftungs- und Heizplan steht Ihnen hier als Option zur Verfügung. Beachten Sie, dass Sie eine Menge Möglichkeiten besitzen, um Fenster zu isolieren. So bietet eine sogenannte 3-fach-Verglasung beispielsweise einen guten Schutz vor Wärmeverlust. Auch eine Innenisolierung kann sinnvoll sein. Befragen Sie am besten einen Experten oder informieren Sie sich im Fachhandel gründlich über die diversen Möglichkeiten.

Eine Fenstersanierung kann jedoch noch andere Vorteile und Gründe haben. Moderne Fenster bieten häufig auch einen besseren Lärmschutz als historische. Das bedeutet, dass Straßenlärm schlechter in die Wohnung gelangt. Wohnen Sie an einer sehr stark befahrenen Straße, kann es sogar sinnvoll sein, sogenannte Schallschutzfenster einzubauen. Diese sind zwar mit höheren Kosten verbunden, lohnen sich jedoch allemal, falls Sie in einer dieser besagten lauten Umgebungen wohnen sollten.

Exkurs: Fensterarten

Fenster ist nicht gleich Fenster. Je nach Bauart und Eigenschaft haben die verschiedenen Fenster einen unterschiedlichen Einfluss auf Dämmeigenschaft, Langlebigkeit und Robustheit sowie Belüftung des Hauses oder der Wohnung. Grob gesagt können Sie Fenster entweder nach deren Rahmen, deren Verglasung oder deren Öffnungsmechanismus unterscheiden. Daneben kann selbstverständlich auch die Optik einen entscheidenden Einfluss haben. Daher sollten Sie sich beim Einbau neuer Fenster gut über die verschiedenen Optionen informieren.

1. Unterscheidung anhand der Rahmenart

Rahmen haben insbesondere einen Einfluss auf die Dämmung und die Stabilität des Fensters. Die wichtigsten Rahmenstoffe sind:

- Holz
- Metall
- Kunststoff
- Mischungen (z. B. Verwendung von Holz und Kunststoff in einem Rahmen)

Holz gehört mit Abstand zu den am häufigsten verwendeten Materialien bei Fensterrahmen. Es handelt sich dabei um ein natürliches Material mit guter Wärmedämmung. Außerdem ist Holz aufgrund seiner Stabilität beliebt. Die Holzarten haben allerdings einen entscheidenden Einfluss auf all diese Eigenschaften. So sind Weichhölzer (unbehandelt) gegen Witterungsverhältnisse nur gering widerstandsfähig. Weichhölzer sind vor allem Nadelhölzer, wie z. B. Kiefer und Fichte. Harthölzer hingegen sind deutlich robuster. Zu den Harthölzern zählen viele beliebte Laubbäume wie die Eiche. Auch Tropenhölzer (beispielsweise Teak) sind in der Regel robust und daher sehr beliebt, allerdings aufgrund der Regenwaldabholzung nicht sehr umweltfreundlich. Holzrahmen werden auch aufgrund ihres gemütlichen Ambientes sehr gern genutzt. Ein Nachteil von Holzrahmen ist der höhere Pflegeaufwand durch Ölen und Lackieren. Die Verwendung von Holzrahmen geht also mit einer aufwendigeren Vorbereitung und Pflege einher. Informieren Sie sich im Fachhandel umfassend und achten Sie insbesondere bei Tropenhölzern auf Umweltzertifikate.

Kunststoffe sind ebenfalls sehr witterungsbeständig. Außerdem sind sie besonders leicht und bei guter Qualität sehr langlebig. Die Wärmedämmeigenschaft von Kunststoffrahmen ist überwiegend gut. Zudem weisen diese Rahmen kaum Pflegeaufwand auf (abgesehen von einer regelmäßigen Reinigung). UV-Strahlung kann Kunststoffe jedoch auf Dauer spröde werden lassen, teilweise verblassen auch die Farben. Im Vergleich zu anderen Stoffen sehen Kunststoffrahmen außerdem häufig billiger aus und bilden einen starken Kontrast zu dem sonst so eleganten und heimeligen Aussehen eines Altbaus. Die Qualität des verwendeten Kunststoffs kann das Aussehen ebenfalls stark beeinflussen. Günstigere Optionen sind optisch oft weniger edel, während jene, die etwas mehr kosten, schon eher elegant und einem Altbau angemessen aussehen können. Das Gesamtbild sollte auf jeden Fall übereinstimmen, weshalb die Entscheidung bezüglich der Rahmenwahl ganz individuell ausfallen kann.

Metallrahmen sind die stabilsten und langlebigsten Rahmen, die Sie finden können. In der Regel wird leichtes Aluminium für diese Rahmenart verwendet, da es rostresistent ist. In seltenen Fällen finden Sie auch Stahlrahmen vor. Stahl wird meist bei großen Fenstern eingesetzt, bei denen Robustheit eine besonders wichtige Rolle spielt. In der Gewinnung ist Stahl außerdem meist umweltschonender als Aluminium. Rahmen aus Metall wirken sehr hochwertig, passen aber nicht zu jeder Einrichtung, da sie auch recht kühl und modern (dies würde einen Kontrast zum Altbau darstellen, kann aber durchaus ästhetisch wirken) erscheinen können. Überlegen Sie sich bereits jetzt, wie Sie Ihre Wohnung später einrichten wollen und ob Metallrahmen die richtige Wahl ist. Vor allem bei einer geschickten Kombination aus alten und neuen Elementen können eher modernere Rahmen durchaus auch Akzente setzen.

Kombinationen aus Aluminium stellen auch eine Möglichkeit dar. Dabei wird Aluminium meist außen verwendet, während auf der Innenseite des Rahmens Holz verbaut wird. Diese Kombination verbindet den gemütlichen Charme der Holzrahmen mit der Robustheit von Metall. Der Nachteil dieser Variante: Diese Rahmen sind in der Regel sehr kostspielig.

2. **Unterscheidung nach Verglasung**

Die Fensterverglasung gehört zu den wichtigsten Eigenschaften des Fensters, da sie einen besonders großen Einfluss auf die Wärmedämmung hat. Nach der EnEV müssen Verglasungen bestimmte Werte einhalten. Sie können grundlegend zwischen drei Verglasungen unterscheiden:

- Einfachverglasungen
- Doppelverglasungen
- Spezialverglasungen

Einfachverglasungen bestehen aus einer Scheibe Glas. Sie weisen die schlechteste Wärmedämmeigenschaft auf und werden daher heutzutage kaum noch verbaut. Für Wohngebäude sind sie sogar verboten worden, um Energiesparmaßnahmen durchzusetzen. Da es sich bei dieser Verglasung um die günstigste Variante handelt, können Sie sich dennoch für Einfachverglasungen entscheiden, wenn Sie Fenster in einem Gartenpavillon, Schuppen oder Lagerraum einbauen möchten. In diesen Bauten wird nur selten eine gute Dämmung benötigt.

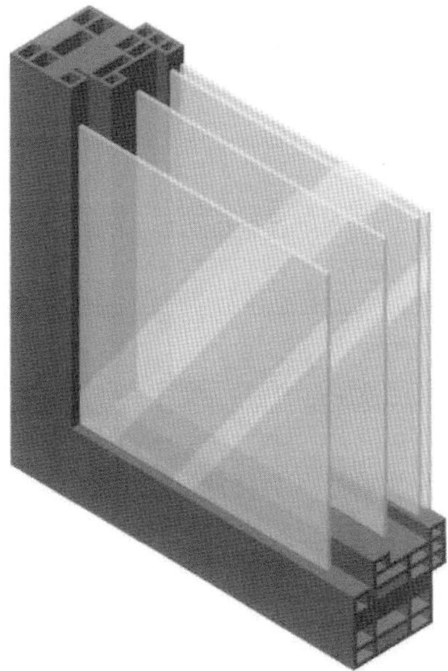

Doppel- oder Dreifachverglasungen bestehen aus zwei oder drei Scheiben. Sogenannte einfache Doppelverglasungen beinhalten einen mit Luft gefüllten Hohlraum zwischen den Scheiben. Wird dieser Luftraum jedoch mit Gasen wie Argon gefüllt, sind die Wärmedämmeigenschaften der Verglasung noch besser. Mit diesen Verglasungen erhalten Sie generell gute Dämmeigenschaften.

Spezialverglasungen werden im Fachhandel für besondere Ansprüche ebenfalls angeboten. In Wohngebäuden findet man sie zwar selten – die Möglichkeit, derartige Verglasungen zu erwerben, haben Sie dennoch. So werden in der Nähe von Flughäfen und geschäftigen Bahnhöfen manchmal Schallschutzverglasungen eingebaut. Leben Sie hingegen in einer Lage, in der sich die Räume im Sommer unerträglich stark aufheizen, können Sie Sonnenschutzgläser einbauen. Sichtschutzgläser wiederum verhindern neugierige Blicke von Nachbarn oder Passanten und werden mancherorts beispielsweise in Badezimmern eingesetzt. Auch gibt es Sichtschutzgläser, die auf der Außenseite verspiegelt sind. Sie können allerdings ohne Probleme durch die Scheibe hinausschauen. Informieren Sie sich im Fachhandel, wenn Sie besondere Ansprüche an Ihre Fenster stellen möchten.

3. Unterscheidung nach Öffnungsmechanismus

Letztlich können Sie Fenster auch nach ihrem Öffnungsmechanismus unterscheiden. Man kennt dabei vor allem:

- Festverglasungen (kein Öffnen möglich)
- Drehfenster (Öffnen durch Drehen möglich)
- Kippfenster (Fenster mit Kippfunktion)
- Drehkippfenster (sowohl Drehen als auch Kippen möglich)
- Wende- bzw. Schwingfenster (Öffnen durch Wenden/ Schwingen)
- Schwingflügelfenster (Öffnen durch Schwingen nach oben oder unten)
- Schiebefenster (öffnen durch Schieben)
- Faltfenster (Auseinander-„falten“ der Flügel möglich)
- Ausstiegsfenster (Fenster, die für den Ausstieg gedacht sind, häufig mit Stufe unter dem Rahmen)

Grundsätzlich lässt sich festhalten, dass Sie den besten Lüftungswert erhalten, wenn Sie Fenster wählen, die sich weit öffnen lassen. Kurzes Stoßlüften ist stets effektiver als Lüften auf Kipp. Daher sollten Sie nach Möglichkeit nur in Ausnahmefällen auf Festverglasungen und reine Kippfenster setzen.

Tipp: Manche Altbauwohnungen haben in einigen Räumen sehr kleine Fenster. Wenn Sie ohnehin umfangreiche Sanierarbeiten vornehmen, haben Sie die Möglichkeit, gleichzeitig auch größere Fenster einzubauen. Dies kommt zum Beispiel dann in Frage, wenn Sie den natürlichen Lichteinfall in der Wohnung erhöhen möchten oder für eine bessere Luftzirkulation sorgen wollen. Fragen Sie dafür jedoch unbedingt einen Statiker, um sicherzustellen, dass größere Fenster die Stabilität des Hauses nicht gefährden. Mit den Fenstern gemeinsam werden auch Außentüren eingebaut oder saniert. Die Innentüren sind jetzt jedoch noch nicht an der Reihe. Um diese werden Sie sich in Ruhe später kümmern. Mehr dazu erfahren Sie im dementsprechenden Kapitel.

Innenputz

Als Putz wird ein Belag bezeichnet, der auf Außen- und Innenwänden sowie auf Decken angebracht wird und verschiedene Aufgaben erfüllt. So wird insbesondere auf Außenwänden meist zwischen Ober- und Unterputz unterschieden, wobei der Unterputz vor allem für eine ebene Fläche sorgt. Der Oberputz hingegen soll vor Außeneinwirkungen (beispielsweise Schlagregen) schützen. Der Innenputz bildet die Grundlage für Tapeten oder Wandfarben.

Exkurs: Innenputz Schritt für Schritt
Die Anbindung des Innenputzes gehört nicht unbedingt zu den leichtesten Aufgaben, ist aber mit guter Vorbereitung und etwas handwerklichem Geschick für jeden Selbstsanierer machbar. Für den Innenputz benötigen Sie die folgenden Materialien:

- Putzprofile und Eckschienen
- ggf. Abdeckmaterial wie Malervlies und Milchtütenpapier
- Putz nach Wahl
- Grundierung
- Spachtelmasse
- ggf. Klebebänder zum Abkleben
- Außerdem brauchen Sie folgende Werkzeuge:
- Abziehlatte oder glatte Holzlatte
- Kelle, Gitter-Rabot, Reibebrett
- Wasserwaage
- Eimer (vor allem größere, um den Putz anzurühren)
- Bohrmaschine mit Quirlaufsatz
- Cutter
- Langflorroller in diversen Größen
- Malerquast

Für den Innenputz gibt es mehrere Möglichkeiten und Techniken. Die Grundlagen sind jedoch stets die gleichen. Eine gute Vorbereitung ist stets das A und O.

Schritt 1: Materialbedarf ermitteln
Zu Beginn ermitteln Sie den Materialbedarf. Dieser hängt von der Länge, Breite und der Höhe Ihrer Wände ab. Bei fast allen Produkten ist angegeben, für welche Fläche das Material ausreicht.

Daher müssen Sie in der Regel nur die Fläche der Wände (Länge in Meter x Breite in Meter = Fläche in Quadratmeter) ermitteln und eine passende Menge kaufen. Grundsätzlich reichen 30 Kilogramm Gips durchschnittlich für zweieinhalb Quadratmeter Wand (bei einer Putzdicke von zehn Millimeter – diese Dicke ist in der Regel ausreichend, kann aber im Einzelfall variieren). Außerdem benötigen Sie Putzschienen für die gesamte Raumhöhe. Etwa alle 40 bis 60 Zentimeter wird eine Schiene angelegt. Bei den Wanddecken sollten Sie einen Abstand von 20 bis 40 Zentimetern einhalten. Diese Materialien sollten Sie in jedem Baumarkt oder im Fachhandel erwerben können.

Fläche der Wand in Quadratmetern =
Länge in Meter x Breite in Meter

Schritt 2: Raum vorbereiten

Die Wände müssen von allen unnützen Dingen, wie Tapetenresten und altem Putz, befreit werden – diesen Schritt haben Sie schon vorgenommen. Ggf. benötigen Sie hierfür Malervlies und Milchtütenpapier zur Abdeckung von Böden, da viel Dreck entstehen kann.

Manchmal finden Sie in Wohngebäuden Trockenbaustoffe auf, die den klassischen Innenputz ersetzen und daher nicht oder auf eine besondere Art und Weise verputzt werden müssen. Dazu zählen Holz (kann nicht verputzt werden), Metall (benötigt zunächst einen Rostschutz, dann ein Streckmetall, das als Putzträger dient) und Beton (muss ausreichend aushärten und erhält häufig einen Sichtbeton als Zwischenschicht). Da die richtige Herangehensweise bei diesen Materialien für einen Laien schwierig zu erkennen ist, sollten Sie in diesen Fällen stets einen Fachmann befragen.

Schritt 3: Grundieren

Nun müssen Sie die Grundierung der Fläche vornehmen. Zunächst muss die Wand dafür gesäubert werden. Grundierungen können sich in vielen Aspekten unterscheiden. Die richtige Wahl hängt von der Saugfähigkeit der Wand ab. Um diese zu testen, müssen Sie die Wand zunächst befeuchten. Beobachten Sie danach die Reaktion der Wand auf das Wasser. Folgende Szenarien können eintreten:

- Bleiben einzelne Tropfen stehen? Dann ist der Untergrund **„nicht saugend“**.
- Zieht das Wasser langsam in die Wand ein? Dann handelt es sich um eine **„normal saugende“** Wand.
- Zieht das Wasser sofort vollständig ein? Dann ist die Wand **„stark saugend“**.

Nicht saugende Wände erhalten einen sogenannten Spezialhaftgrund, den Sie im Fachhandel finden. Dieser bereitet die Wand gezielt auf die Bauarbeiten vor, indem er die Haftfähigkeit für jene Materialien, die im Nachhinein noch aufgetragen werden sollen, verbessert.

Wenig saugende Wände benötigen einen normalen Haftgrund. Dieser dient als Grundlage für weitere Arbeiten und bessert die Wand etwas aus. Er ist nicht für speziellere Aufgaben (wie die Grundierung von nicht oder stark saugenden Wänden) geeignet.

Stark saugende Wände erhalten einen sogenannten Tiefenhaftgrund.

Daneben kennt man noch Sperrhaftgründe, die für **fettige und stark belastete (beispielsweise durch Nikotin) Wände** geeignet sind. Diese verschließen die Wandporen dicht und machen Sie somit wieder für weitere Bauarbeiten *frisch.*

Ziegelwände erhalten einen sogenannten Putzgrund. Alle Grundierungen sollten Sie im Fachhandel vorfinden können. Dort kann man Ihnen auch eine ausführliche Beratung anbieten, wenn Sie sich bei Ihrem Gebäude nicht sicher sind, was die beste Wahl ist.

Haben Sie die Wand grundiert, sollte diese nun befeuchtet werden, bevor das eigentliche Verputzen beginnt. Dafür tragen Sie mit einem breiten, borstigen Pinsel – auch Quast oder Kleisterbürste genannt – Wasser auf die Wand auf. Spritzen Sie das Wasser mit dem Pinsel einfach großzügig auf die angepeilte Fläche. Seien Sie dabei nicht zu zögerlich: Eine zu verputzende Wand darf ruhig feucht sein.

Schritt 4: Profile

Nun werden die Eckprofile angebracht. Das erleichtert die Arbeit für den Laien erheblich. Profis können alternativ ohne Putzprofile arbeiten.

Mit Hilfe von sogenannten Schnellputzleisten können Sie den Putz eben auftragen. Außerdem helfen diese Leisten, schiefe Wände auszugleichen. Sie bringen diese Leisten am besten einen Tag vor Verputzung an der Wand an. Eckprofile schützen daneben die Kanten vor Abnutzung und Schäden. Auch sie werden einen Tag vorher montiert und dann überputzt. Die Montage nehmen Sie mit Hilfe eines sogenannten Eckschienenmörtels vor. In der Regel reicht ein großzügiger Mörtelklecks alle 30 bis 40 Zentimeter aus. Drücken Sie die Putzschienen in den Mörtel und richten Sie diese präzise mit einer Wasserwaage aus. Sie sollten möglichst gerade sein.

Schritt 5: Putz anrühren und auftragen

Theoretisch könnten Sie den Putz per Hand anrühren, doch das ist nicht sehr einfach. Daher sollten Sie mit einer Maschine arbeiten. Diese können Sie sich u. a. bei speziellen Firmen ausleihen, da eine Anschaffung in der Regel sehr teuer ist. Vermengen Sie Wasser und Putzmörtel nach den Herstellerangaben in einem großen Eimer oder einer Wanne. Für das bestmögliche Ergebnis sollten Sie eine Bohrmaschine mit Rührquirl nutzen. Die wenigsten Wände, die verputzt werden müssen, sind glatt. Bei Fugen und Unebenheiten wird der Putz daher meist mit einer Mauerkelle oder einem Spachtel an die Wand geworfen und zunächst grob verstrichen. Das Anwerfen sorgt dafür, dass der Putz auch in feine Ritzen und Rillen gelangt. Möchten Sie diese Variante ohne Putzschienen nutzen, dürfen Sie allerdings nicht zu zögerlich sein. Gehen Sie mit Schwung an die Arbeit!

Da das Anwerfen einiges an Übung erfordert, nutzen Laien Putzschienen. Dabei muss die erste Putzschicht noch nicht ganz eben werden. Mit der Putzschiene wird der Putz nach dem groben Verteilen glatt gezogen. Ist der Putz getrocknet, kann er mit dem Gitter-Rabot abgeschliffen werden. Dieses Werkzeug sieht aus wie ein Reibebrett, an dessen Griff ein Gitter montiert ist.

Tipp: Lassen Sie zwischen Decke und frischer Putzschicht eine Lücke. Sonst besteht für den getrockneten Putz Reißgefahr.

Mit einem Schwammbrett kann der angetrocknete Putz ebenfalls bearbeitet werden, um glatte Oberflächen zu erzeugen. Auch ein Schleifgitter kann für diese Arbeit genutzt werden. Einige erfahrene Handwerker nutzen sogar zahlreiche ungewöhnliche Gegenstände, um kreative Muster in den Putz zu bringen, beispielsweise mit Besen oder Luftpolsterfolie. Sie sehen also: Die Anbindung des Putzes ist kein Hexenwerk! Der Innenputz wird nach den Fenstern verarbeitet, damit Anschlüsse sauber und ordentlich gestaltet werden. Auch beim Innenputz können Unter- und Oberputz zustande kommen. Zwischen beiden Arbeitsgängen darf eine Pause liegen. Zwischen dem Unter- und Oberputz können Sie theoretisch eine Pause für andere Arbeiten einbauen. Es schadet dem Unterputz nicht, wenn er eine Weile länger austrocknet, bevor der Oberputz angebracht wird. Aus Gründen der Übersicht empfiehlt es sich aber, beide Arbeiten zeitnah nacheinander zu erledigen. Die Gefahr, dass Sie die zweite Putzschicht vergessen oder mit den Schritten durcheinanderkommen, ist andernfalls durchaus gegeben. Ist der Putz erst einmal auf der Wand, muss das Material austrocknen. Während dieser Zeit können Sie keine anderen Arbeiten vornehmen. Das sollte Ihnen bei der Planung und Festlegung der Arbeitsreihenfolge bewusst sein.

Sollen Fliesen verlegt werden – etwa im Bad oder in der Küche –, müssen diese vor dem Putz angebracht werden. So erhalten Sie ordentliche Übergänge. Drehen Sie die Arbeitsschritte um, wird dies ein deutlich schwierigeres Unterfangen.

Türen, Fußböden und Treppen

Türen, Fußböden und Treppen können in einer gemeinsamen Phase erledigt werden. Diese Arbeiten bieten sich direkt nach dem Innenputz an, weil Sie währenddessen sowieso darauf warten müssen, dass der Putz trocknet, und ergo nicht an den Wänden weiterarbeiten können.

Denken Sie daran, dass Fußböden in unterschiedlichen Räumen unterschiedlichen Anforderungen gerecht werden müssen. So hat ein Fußboden in Küche und Bad in der Regel mit anderen Herausforderungen zu kämpfen als einer im Schlafzimmer. Grundsätzlich gilt: Da, wo viel Nässe zu erwarten ist, empfiehlt sich ein pflegeleichter und robuster Fußboden, der möglichst wenig Feuchtigkeit durchlässt. Das ist vor allem im Badezimmer der Fall, kann aber aufgrund der Wasseranschlüsse auch auf die Küche zutreffen. Viele Menschen entscheiden sich im Badezimmer für Fliesenböden. Früher wurden aus Kostengründen häufig Vinylböden gewählt, die leider gerade in Altbauten schlecht geklebt und stark veraltet sein können. Anstelle von klassischen Fliesen gibt es heutzutage auch wasserundurchlässige Klickböden, die sich im Badezimmer gut machen. Klickböden bestehen beispielsweise aus Vinyl oder Laminat und werden verlegt, indem die einzelnen Bestandteile einfach aneinander geklickt werden.

Dadurch spart man sich das Kleben. Klickböden haben außerdem den Vorteil, dass sie leicht herauszunehmen sind. Ein Austausch oder eine Reparatur dieser Böden ist daher in der Regel kein anstrengendes Unterfangen. Sprechen Sie unbedingt mit einem Händler über die verschiedenen Varianten und deren Vor- und Nachteile. Überlegen Sie sich genau, welchen Anforderungen jeder Raum gerecht werden muss. Selbst ein Gäste-WC und ein vollständig eingerichtetes Badezimmer mit Dusche, Waschmaschine und Badewanne haben unterschiedliche Ansprüche. Im größeren Hauptbadezimmer können Sie beispielsweise grundsätzlich mit einer höheren Luftfeuchtigkeit rechnen. Auch die Belüftungsmöglichkeiten können Ihre Wahl beeinflussen: Haben Sie große Fenster und können das Badezimmer ausreichend belüften, ist die Schimmelgefahr deutlich geringer, als wenn Sie nur kleine oder sogar gar keine Fenster haben. Das hat auch Auswirkungen auf die Wahl Ihrer Einrichtung, inklusive Fußboden.

Alternativ können Sie die Verlegung der Fußböden auch auf die Zeit nach den Streicharbeiten verschieben. Der Vorteil dabei ist, dass Sie sich die Mühe sparen können, die Böden zum Schutz vor tropfender Farbe abdecken zu müssen. Sie gehen dabei kein Risiko ein, die neuen Böden direkt mit Farbe zu bespritzen. Allerdings verlieren Sie unter Umständen auch Zeit, weil Sie dabei auf die Aushärtung des Putzes warten müssen, ohne weitere Arbeitsschritte durchführen zu können. Es empfiehlt sich aber, genau dafür Zeit einzuplanen. Welche Variante sich für Ihr Vorhaben lohnt, hängt ein wenig davon ab, wie viele andere Arbeiten Sie in der Zwischenzeit erledigen können. Haben Sie beispielsweise reichlich Treppen und Türen ins Haus einzusetzen? Dann lohnt es sich sehr wahrscheinlich, die Wartezeit damit zu verbringen. Bis Sie mit dem Einbau aller Bestandteile fertig sind, ist der Innenputz überwiegend getrocknet. Sie können dann mit dem Streichen beginnen und die Arbeit an den Fußböden im Anschluss vornehmen. Haben Sie hingegen kaum Arbeit mit Türen und Fenstern, kann es sich lohnen, in kleinen Räumen bereits mit den Fußböden zu beginnen, bevor Sie streichen können. So haben Sie zwar mehr Aufwand (da Sie die Fußböden später während der Streicharbeiten schützen müssen), verbringen aber die Wartezeit mit sinnvoller Arbeit.

Selbstverständlich können Sie sich auch für eine Mischvariante entscheiden und von Raum zu Raum unterschiedlich handeln. Während Sie in einem Raum noch mit dem Verlegen des Fußbodens warten, können Sie in anderen Räumen bereits mit der Arbeit an den Böden beginnen. Manche Menschen beginnen beispielsweise mit den Böden in kleinen Räumen, da sich Fußböden kleiner Räume später beim Streichen leicht abdecken lassen und in größeren Räumen möglicherweise ohnehin noch andere Arbeiten anstehen, welche dann in der Zwischenzeit in Ruhe ausgeführt werden können.

Hinweis: Unabhängig davon, ob Sie das Streichen oder die Fußböden zuerst angehen möchten, folgen die Fußleisten erst nach dem Streichen. So vermeiden Sie unschöne Ränder und Farbkleckse auf den Leisten. Nach dem Einbau der Fußböden sind auch die Innentüren an der Reihe. Langsam, aber sicher nähern Sie sich dem Ende der Sanierungsarbeiten.

Wände fertigstellen

Die Malarbeiten an den Wänden können erst nach der Renovierung des Innenputzes vorgenommen werden, da der Putz natürlich erst einmal trocknen muss. Wie lange das dauert, hängt ganz individuell von der Dicke des Putzes ab. Genaue Angaben finden Sie meist auf den Eimern oder Säcken, in denen Sie den Putz erhalten haben. Ob Sie die Wände jedoch vor oder nach den Fußböden vornehmen, bleibt letztlich Ihnen überlassen.

Wände werden entweder direkt gestrichen oder zuvor tapeziert. Dies ist vor allem eine Geschmacksfrage. Im Anschluss an das Streichen folgen die Montage der Fußleisten sowie die Installation von Steckdosen und Schaltern.

Sanitäranlagen

Kurz vor Schluss werden die Sanitäranlagen in den Badezimmern installiert. Eine stabile Montage ist als (vor)letzter Schritt am sinnvollsten, da die Wände dazu bereits verputzt sein sollten. Dies ermöglicht ein ordentlicheres Arbeiten. Ein späterer Auftrag des Putzes wäre mit deutlichem Mehraufwand verbunden, da beispielsweise Teile der Mechanik, die sichtbar aus der Wand herausragen, zusätzlich vom überschüssigen Putz gesäubert werden müssten. Dieser würde nämlich das Aussehen der Sanitäranlagen negativ beeinflussen.

Auch das Malern bietet sich vor der Montage an. Allerdings kommt es nicht selten vor, dass die Anlagen schon zu einem früheren Zeitpunkt geliefert werden. Das liegt unter anderem daran, dass sich Lieferzeiten nicht punktgenau abschätzen lassen, oder eine fehlerhafte Zeitplanung kann dazu führen, dass die Anlagen deutlich früher als erwartet ankommen. In dem Fall führt oft kein Weg an einer provisorischen Montage vorbei. Mit einer guten Zeitplanung und möglichst genauen Absprachen mit dem Händler können Sie dies hoffentlich vermeiden.

Kleinere Nachbesserungen und Innenräume

Haben Sie alle großflächigen Sanierungsarbeiten erledigt, stehen Ihnen nur noch die kleineren Nachbesserungen bevor. Feinheiten an den Innenräumen heben Sie also am besten bis zuletzt auf. Jetzt ist also der Zeitpunkt für das Einbauen einer modernen Küche, letzte Schleifarbeiten, Ausbesserungen kleiner Fehler, die bislang unentdeckt geblieben sind, und ähnliche Arbeiten gekommen.

Sie müssen sich nicht streng an die hier empfohlene Reihenfolge halten. Auch muss nicht jeder der hier genannten Aspekte unbedingt aufgegriffen werden. Nicht in allen Altbauten müssen dieselben Maßnahmen durchgeführt werden. Bis auf einige Arbeiten, die zwangsläufig nacheinander folgen müssen, können Sie in unterschiedlichen Räumen parallel auch mit anderen Arbeiten anfangen. Allerdings sollten Sie sich dann einen möglichst genauen Überblick über alle Arbeiten und das Zeitmanagement verschaffen, um Chaos und Zeitdruck zu vermeiden. Manchmal ergibt es sogar Sinn, an zwei Stellen gleichzeitig zu arbeiten, um Zeit zu sparen (etwa dann, wenn Sie auf eine andere Arbeit oder Lieferung warten müssen). Wenn Sie noch nicht viel Erfahrung mit Gebäudesanierungen haben, empfiehlt es sich jedoch, die Reihenfolge zumindest überwiegend beizubehalten. So vermeiden Sie unnötigen Stress. Feinheiten an den Innenräumen sollten wirklich erst dann durchgeführt werden, wenn Sie sich sicher sind, dass Sie mit allem anderen fertig sind. Andernfalls machen Sie sich möglicherweise doppelte Arbeit.

Die grössten Fehlannahmen in der Altbausanierung

Wie in jedem anderen Bereich wimmelt es auch in der Welt der Altbausanierung von Fehlannahmen und Vorurteilen. Damit Sie auf keine gängigen Missverständnisse und Fehlglauben hereinfallen, haben wir hier eine Liste der zehn wichtigsten Fehlglauben für Sie erstellt. Lesen Sie sich die nachfolgenden Punkte aufmerksam durch und starten Sie Ihr Renovierungsvorhaben so informiert wie möglich!

Irrtum 1: Altbausanierungen machen nur gemeinsam mit einer Fassadendämmung Sinn

Die Fassadendämmung inklusive Einbau neuer Fenster ist eine kostenintensive, wenngleich sinnvolle Maßnahme bei den meisten Altbauten. In vielen Fällen ergibt es Sinn, die Fassadensanierung gemeinsam mit der Außenwanddämmung durchzuführen. Allerdings hängt dies auch vom Einzelfall ab. Ist der vorhandene Dämmwert der Fassade bereits ausreichend, muss sie nicht zwangsläufig erneuert werden. Eine Pflicht zur gemeinsamen Sanierung gibt es jedenfalls nicht. Bestimmen Sie also vorher immer den Dämmwert, wenn Sie sich nicht ganz sicher sind, ob eine komplett neue Dämmung überhaupt vonnöten ist.

Irrtum 2: Eine Fassadensanierung führt meist zu Schimmel im Haus

Wie bereits zuvor erwähnt wurde, haben unsanierte und dadurch luftdurchlässige Altbauten häufig den Vorteil, dass die Belüftung des Hauses ausreichend gewährleistet ist. Dadurch hat Schimmel schlechtere Chancen, sich auszubreiten. Aus diesem Grund entsteht bei vielen Menschen der Irrglaube, dass eine energetische Sanierung der Fassaden zu mehr Schimmelbildung im Haus führen kann. Tatsächlich kann das Verschließen von undichten Stellen in Altbauten zu einem mangelnden Luftaustausch führen. Dadurch sammelt sich auch Feuchtigkeit stärker an. Schimmelbildung lässt sich dennoch vermeiden. Eine fachgerechte Ausführung und professionelle Konzipierung der energetischen Sanierungsmaßnahmen sorgen dafür, dass das Haus besser vor Feuchtigkeit geschützt wird. Außerdem hilft ein wirksames Lüftungskonzept, der Schimmelbildung vorzubeugen. Das kann entweder mit einer Automatik oder durch regelmäßiges manuelles Lüften geschehen. Ein individuell abgestimmtes Heiz- und Lüftungskonzept kann die Schimmelbildung effektiv unterbinden.

Irrtum 3: Energetische Sanierungen sind extrem teuer und werden staatlich kaum unterstützt

Energetische Sanierungen können durchaus ein kostenintensives Unterfangen sein. Allerdings gibt es heutzutage sehr wohl Förderprogramme des Staates, welche die Finanzierung dieser Projekte unterstützen. Die Kreditanstalt für Wiederaufbau (KfW) bietet beispielsweise verschiedene Förderprogramme zur Altbausanierung an. Dadurch können komplette Projekte oder einzelne Maßnahmen durch Zuschüsse vergünstigt werden. Sie erhalten von der KfW einen besonders zinsgünstigen Kredit. Insbesondere energetische Maßnahmen zählen zu den förderwürdigen Projekten. Dazu gehören die Außensanierung, die Anschaffung einer modernen Heizungsanlage und die Energieberatung durch einen professionellen Berater. Ähnliche Förderungsmöglichkeiten bietet auch das Bundesamt für Wirtschaft und Ausfuhrkontrolle (BAFA). Diese Förderungen beziehen sich vor allem auf den Bereich der Heizungsanlagen.

Die KfW bietet daneben übrigens auch einige andere Förderungen im Bereich der Altbausanierung an. So kann beispielsweise auch der Umbau zu einer barrierefreien Wohnung finanziell unterstützt werden.

Tipp: Förderprogramme und Zinsen können sich im Detail von Zeit zu Zeit verändern. Informieren Sie sich daher bereits vor dem Beginn der (Kosten-) Planung über die derzeitigen Möglichkeiten. Fragen Sie bei den Kreditinstituten nach Optionen und vergleichen Sie Ihre Möglichkeiten. So können Sie Ihre Kosten realistisch einschätzen. Die Förderung Ihres Projektes hängt auch stark vom Einzelfall ab. Genaueres dazu kann Ihnen nur ein Berater mitteilen. Schildern Sie Ihr Anliegen möglichst genau und geben Sie alle geplanten Maßnahmen detailreich und konkret an.

Irrtum 4: Denkmalschutz macht die energetische Sanierung unmöglich

Das Thema Denkmalschutz ist für viele Altbauliebhaber ein leidiges Thema. Schließlich können die gesetzlichen Regelungen Ihnen durchaus einen Strich durch die Rechnung machen oder gar verwirrend wirken. So ist es beispielsweise keine Seltenheit, dass denkmalgeschützte Häuser ihre ursprüngliche Außenfassade beibehalten müssen. Unmöglich macht dies die energetische Sanierung jedoch keinesfalls. Muss die Außenfassade vollständig beibehalten werden, wodurch eine Außendämmung unmöglich ist, kann eine Sanierung von innen erfolgen. Auch eine professionelle Innendämmung kann den Dämmwert der Fassaden erheblich verbessern und erhöhen. Kombinieren Sie diese Maßnahme mit neu isolierten Fenstern, sparen Sie erhebliche Heizkosten. Auch eine moderne Heizungsanlage kann die Kosten gering halten und das Haus energieeffizienter gestalten.

Beachten Sie ebenfalls, dass auch für denkmalgeschützte Häuser mittlerweile nach der Sanierung überwiegend ein Energieausweis erstellt werden muss. Dämmungsarbeiten lohnen sich in vielen Fällen also durchaus.

Der **Energieausweis** ist eine Art Steckbrief für Wohngebäude. Er soll ein Bild der Energieeffizienz des Gebäudes vermitteln. Das Dokument enthält nicht nur Informationen über die derzeitige Energieeffizienz, sondern auch Empfehlungen zur kostengünstigen Modernisierung. Enthalten sind beispielsweise Informationen über die verwendeten Heizstoffe, die Energiekennwerte des Hauses und die Einordnung in eine Energieeffizienzklasse auf einer Skala von A+ bis H (diese ist Ihnen wahrscheinlich von Elektrogeräten in ähnlicher Weise bekannt).

Irrtum 5: Altbauten und Denkmalschutz machen die Umsetzung der eigenen Vorstellungen unmöglich

Der Denkmalschutz kann Ihnen einige Vorschriften zur Gestaltung des Hauses machen – darunter fällt etwa auch die Fassadenfarbe. Das bedeutet jedoch nicht, dass Sie Ihre eigenen Vorstellungen überhaupt nicht umsetzen können. In der Regel sind nicht alle Gestaltungsdetails vom Denkmalschutz erfasst, sodass Sie durchaus noch einen Spielraum haben. Werden Sie stattdessen einfach besonders kreativ mit der Innengestaltung!

Bei Altbauten ohne Denkmalschutz haben Sie noch mehr Spielraum. Anders als bei einem Neubau haben Sie hier zwar einen bereits vorhandenen Grundriss, allerdings kann dieser in manchen Fällen jedoch nach Ihren Vorstellungen angepasst werden. Je nach Konstruktion ist auch eine komplette Entkernung des Innenraums nicht ausgeschlossen. Wichtig sind für den Einzelfall vor allem die Details des möglicherweise vorhandenen Denkmalschutzes sowie die Statik des Gebäudes. Haben Sie alle Vorschriften sorgfältig geprüft (z. B. durch die Befragung eines Statikers), steht der individuellen Anpassung nach Ihren Wunschvorstellungen nicht mehr viel im Wege!

Irrtum 6: Regenerative Heizungen sind in einem Altbau sinnlos

Regenerative Heizungen sind solche, die (wie der Name bereits vermuten lässt) regenerative – also erneuerbare – Energien nutzen. Dazu zählen Energiequellen, die (aus menschlicher Sicht) unerschöpflich sind: Sonne, Wind und Geothermie (Letzteres ist Energie, die im Inneren der Erdkruste gespeichert wird) stehen ganz oben auf der Liste. Aber auch Energie aus nachwachsenden Rohstoffen zählt zu den regenerativen Energien. Darunter fallen beispielsweise Holz und Biogas. Regeneratives Heizen ist besonders klimafreundlich und daher ein wichtiges Element bei der Altbausanierung. Der Aspekt der Nachhaltigkeit spielt in unserem Alltag eine immer größere und wichtigere Rolle, weshalb er auch beim Thema Altbausanierung nicht zu kurz kommen sollte.

Heizungsanlagen, die Erdwärme oder Solarenergie nutzen, sind ursprünglich auf einen geringen Energiebedarf abgestimmt. Dies ist bei einem Altbau in der Regel nicht zutreffend. Das macht den Einsatz dieser Heizungsanlagen jedoch nicht sinnlos. Auch in Altbauten können diese Energieanlagen sinnvoll eingesetzt werden. Die Grundvoraussetzung dafür ist eine professionelle Sanierung der Außenfassade. Auch eine Abstimmung der Heizungsanlage auf die Dämmung (nach Sanierung) und die zu beheizende Fläche sollten sorgfältig durchgeführt werden. Dann steht dem Einsatz regenerativer Energieanlagen nichts im Weg. Wie bei den meisten Details sind der Einzelfall und die gründliche Abstimmung und Beratung durch einen Spezialisten das A und O. Merken Sie sich also: Erneuerbare Energiequellen sind vor allem in Kombination mit einer hervorragenden Dämmung gut geeignet, um den Aspekt der Nachhaltigkeit auch in Ihren Altbau einfließen zu lassen.

Irrtum 7: Ein Altbau kann nie zum Effizienzhaus werden

Altbauten sind grundsätzlich – zumindest vor der Sanierung – keine sogenannten Effizienzhäuser. Die mangelnde Dämmung und der große Wärmeverlust machen die Energieeffizienz des Gebäudes gering. Allerdings können eine gründliche Dämmung sowie die Optimierung von Heizung und zu beheizender Fläche die Energieeffizienz des Gebäudes stark in die Höhe treiben. Zwar hängt auch hier einiges vom Einzelfall ab – grundsätzlich spricht jedoch nichts dagegen, einen Altbau zum Effizienzhaus zu machen. Sie sollten sich keinesfalls von vornherein entmutigen lassen.

Der Begriff **Effizienzhaus** ist die Bezeichnung für den energetischen Standard eines Wohngebäudes. Zwei Kriterien sind für die Bezeichnung relevant:

- Der Gesamtenergiebedarf der Immobilie
- Die Wärmedämmung der Gebäudehülle

Effizienzhäuser werden mit den Effizienzstufen 40, 55, 70 und 85 (diese Zahlen lassen sich als Prozentwerte verstehen) angegeben. Diese Werte definieren, wie energieeffizient eine Immobilie ist. Ein Effizienzhaus mit der Stufe 55 benötigt 55 % der Primärenergie im Vergleich zu einem Referenzgebäude nach GEG-Standard. Der GEG-Standard ist dabei stets die relevante Referenzangabe. Eine Effizienzstufe ergibt sich aus der Kombination mehrerer baulicher sowie technischer Maßnahmen. Insbesondere Heizung, Lüftung und Dämmung spielen dabei eine bedeutsame Rolle. Da jedes Haus anders ist, lassen sich keine allgemeingültigen Angaben für die Einsparungen durch bestimmte Maßnahmen machen. Gleiche Maßnahmen können bei unterschiedlichen Gebäuden zu verschiedenen Effizienzstufen führen. Wenn Sie Ihr Gebäude sanieren, sollten Sie daher stets an dessen bauliche Besonderheiten denken.

Irrtum 8: Der Austausch von Elektroinstallationen erfordert im Altbau umfangreiche Stemmarbeit an den Wänden

Neue Elektroinstallationen werden in der Regel in der Wand verlegt. In den meisten Fällen ist dies kein Problem, da bei vielen Altbauten ohnehin umfassende Sanierungsmaßnahmen anstehen. Das bedeutet, dass die Wände ohnehin bearbeitet werden müssen. Bei der Arbeit können direkt an geeigneten Stellen neue Elektroinstallationen vorgenommen werden. Halten sich die Sanierungsarbeiten hingegen (abgesehen von wenigen Details) in Grenzen, erscheint die Arbeit an den Wänden unnötig aufwändig. Wenn Sie sich die Arbeit ersparen möchten, können Sie unter Umständen auf eine Fertiginstallation zurückgreifen. Elektrische Fertiginstallationen können einfach in die Fußbodenleiste und in Deckenprofile verlegt werden. Heutzutage ist sogar die Verlegung von sogenannter smarter Haustechnik ohne größere Bauarbeiten möglich. Smarte Haustechnik umfasst alle Haushaltstechnologien, die durch künstliche Intelligenz besonders einfach zu bedienen sein sollen. Dazu zählen etwa Lichter und Rollläden, die mit der Stimme oder über ein Programm wie Alexa bedient werden können. Grundsätzlich brauchen Sie sich also keine Sorgen um unnötigen Mehraufwand machen. Besprechen Sie einfach mit einem Fachmann, welche Möglichkeiten Sie haben, und lassen Sie sich im Fachhandel ausführlich über die Elektroinstallationen beraten.

Irrtum 9: Altbausanierungen gehen mit umfangreichen Nachrüstungspflichten einher

Altbausanierungen gehen tatsächlich häufig mit Nachrüstungen einher. Das liegt vor allem daran, dass in vielen Altbauten die Dämmung nicht den Standards des GEG entspricht. Das muss jedoch nicht auf jedes Gebäude zutreffen. Informieren Sie sich daher vor der Planung über den Dämmstandard und Ihre Pflichten. Sind Sie mit der Dämmung zufrieden und entspricht diese dazu noch den gesetzlichen Vorgaben, müssen Sie keine umfangreichen Nachrüstungsarbeiten vornehmen. Nicht zu vermeiden sind hingegen in der Regel die Erneuerung alter Heizkessel sowie die Dämmung ungedämmter Heizungsleitungen und ungedämmter Warmwasserleitungen. Diese Probleme finden Sie in so gut wie jedem Altbau vor. Sie kommen gesetzlich leider nicht um die Nachrüstung herum. Wer sich auf die Sanierung eines Altbaus umfassend vorbereitet, wird in der Regel jedoch kaum Probleme mit der Finanzierung und Planung bekommen.

Irrtum 10: Die Altbausanierung endet nie

Aufgrund der zahlreichen Details, die eine Altbausanierung umfassen kann, haben viele Menschen den Eindruck, dass die Sanierung kein Ende findet. Hinzu kommen z. B. Lieferschwierigkeiten, Verzögerungen aufgrund von Fehlern oder Witterungsverhältnissen, krankheitsbedingte Ausfälle, Probleme, die bei einer Erstbesichtigung gar nicht aufgefallen sind – es gibt viele Dinge, die ein Sanierungsvorhaben in die Länge ziehen können. Eine gute und detailreiche Planung kann dem allerdings entgegenwirken. Die gute Vorbereitung ist das A und O des Saniervorhabens. Besorgen Sie sich die Hilfe von Sachverständigen und legen Sie einen realistischen Zeit- und Kostenplan fest. Planen Sie dabei auch einen Puffer ein. Je besser Sie sich vorbereiten, desto weniger unangenehme Überraschungen tauchen auf. Außerdem ist ein Zeitpuffer immer wertvoll, um Verzögerungen zu vermeiden. Sollte dennoch einmal etwas Unerwartetes geschehen, ist das Risiko, in massive Verzögerungen zu geraten, durchaus geringer.

Rechtliche Rahmenbedingungen

Im Bürokratiestaat Deutschland kommt kaum ein Vorhaben ohne rechtliche Rahmenbedingungen aus. Damit Sie hier in keine Fallen tappen, finden Sie in diesem Abschnitt alles über die rechtlichen Hintergründe. Insbesondere werden Ihnen die zehn wichtigsten Maßnahmen genannt, für die Sie eine Genehmigung benötigen. Schließlich kann das gesamte Vorhaben schnell das Budget sprengen, wenn notwendige Genehmigungen nicht vorhanden sind.

Grundsätzliches

Grundsätzlich sind alle Maßnahmen genehmigungspflichtig, die das Erscheinungsbild oder die Substanz des Baudenkmals verändern. Das betrifft nicht nur Maßnahmen, die Erscheinung oder Substanz negativ verändern – auch positive Veränderungen fallen dabei unter diese Kategorie. Derartige Veränderungswünsche bedürfen denkmalfachlicher Begutachtung. Genehmigungspflichtige Maßnahmen sind beispielsweise:

1. Abriss und Entkernung
2. Neuanstrich und neuer Putz
3. Einbau und Anbau von Treppen und/oder Aufzügen
4. Energetische Sanierung
5. Reparatur und Erneuerung von Fenstern, Türen, Wandverkleidungen und Dacheindeckungen
6. Einbau von Schaufenstern und Werbeanlagen
7. Statische Eingriffe aller Art (etwa Dachgeschosseinbau oder Fachwerkreparatur)
8. Neubauten in unmittelbarer Umgebung des Baudenkmals
9. Beseitigung und Veränderung von Anlagen, die zum Gebäude dazugehören
10. Veränderung oder Beseitigung garten- oder landschaftsgestalterischer Anlagen in der Umgebung des Denkmals

Abriss, Entkernung und Anzeigepflicht

Abriss und Entkernung sind grundlegende und höchst aufwendige Veränderungen an Ihrem Gebäude. Daher fällt in manchen Fällen eine Genehmigungspflicht an. Wenn Sie einen Abriss, einen Teilabriss oder eine Entkernung vornehmen möchten, müssen Sie diese Arbeit beim zuständigen Bauamt anzeigen. Das gilt für jeden Abriss, und zwar ganz unabhängig vom Denkmalschutz. Dort erfahren Sie dann auch, ob eine Genehmigungspflicht vorliegt. Ist dies der Fall, werden Sie vom Bauamt darüber informiert. Danach müssen Sie sich die Genehmigung einholen und abwarten, bis Sie eine Zustimmung erhalten haben. In vielen Fällen, in denen der Denkmalschutz keine Rolle spielt, ist ein Abriss kein Problem. Beachten Sie dennoch: Auch ohne denkmalschutzrechtliche Vorgaben müssen Sie einen Abriss anzeigen, da es andere Gründe für die Genehmigungspflicht geben kann. Die Regelungen dazu sind in jedem Bundesland unterschiedlich. In den meisten benötigen Gebäude unter einer Fläche von 300 Quadratmetern keine Genehmigung. Allerdings können dann umweltschutzrechtliche Regelungen (Artenschutz oder Wasserqualität) im Wege stehen. Verlassen Sie sich stets nur auf die offizielle Antwort der Behörde. Auch für das Fällen von Bäumen, die im Weg stehen könnten, benötigen Sie in vielen Fällen eine Genehmigung.

Der gesamte Prozess kann je nach derzeitigem Arbeitsaufwand bei den Behörden einiges an Wartezeit in Anspruch nehmen. Beantragen Sie den Abriss daher einige Wochen im Voraus. Von der Anzeige des Abrisses bis zur Information über die Notwendigkeit einer Genehmigung können bereits ein paar wenige Wochen vergehen. Sollten Sie eine Genehmigung benötigen, dauert es von der Einreichung Ihrer Unterlagen bis zur Entscheidung der Behörde in der Regel einige weitere Wochen. Die Zeit variiert von Behörde zu Behörde und je nach derzeitiger Arbeitsbelastung – in jedem Fall sollten Sie aber um die sechs Wochen Zeit einplanen. Am besten zeigen Sie Ihren Abriss also mindestens zwei Monate im Voraus an. Bevor Sie die Antwort der Behörde haben, dürfen Sie nicht anfangen. Beachten Sie gleichzeitig, dass eine Abrissgenehmigung nicht endlos gültig ist. In der Regel sind die Genehmigungen für mehrere Monate, teilweise sogar bis zu drei Jahre lang gültig. Oft können sie auch danach zusätzlich verlängert werden. Über solche Maßregelungen und die damit verbundenen Möglichkeiten (beispielsweise im Hinblick auf die Verlängerung) sollten Sie sich im Voraus bei der Behörde erkundigen.

Ein nicht zu ignorierender Aspekt, welcher im Rahmen des Genehmigungsthemas auf Sie zukommen kann, sind die anfallenden Kosten. Eine Abrissgenehmigung kostet Geld. In der Regel müssen Sie mit Summen um die 1.500 Euro rechnen. Damit Sie nicht jedes Mal die gleiche Summe doppelt investieren müssen, wenn sich ein Vorhaben verschiebt, ist die Genehmigung jedoch verlängerbar. Sie sollten dies jedoch für den Einzelfall erfragen, bevor Sie sich auf ungefähre Angaben verlassen.

Neuanstrich und neuer Putz

Wie bereits erwähnt wurde, gehört auch das äußere Erscheinungsbild unter Umständen zu den denkmalgeschützten Bereichen. Daher gilt auch bei einem einfachen Neuanstrich: Sie müssen sich im Fall des Denkmalschutzes immer eine Genehmigung einholen. Gleiches gilt für die Verputzung. Dürfen Sie die Farbwahl nicht verändern, haben Sie nur die Möglichkeit, mit der gleichen Farbe neu zu streichen. Da moderne synthetische Farben der Fassade eines Altbaus unter Umständen sogar schaden können, sind im Denkmalschutz außerdem grundsätzlich nur Naturfarben erlaubt.
Dafür gibt es zwei Hauptgründe: Zum einen setzen die synthetischen Stoffe dem Konstrukt aus Lehm und Holz zu, zum anderen stören „starre" Elemente wie Zement und Kunststoffe die in Bewegung stehenden Elemente eines Altbaus. Altbauten aus Naturmaterialien wie Holz und Lehm sind Schwingungen unterworfen, die Auswirkungen auf Statik und Tektonik haben können – allerdings aber auch auf weniger offensichtliche Aspekte wie die Farbe oder den Putz. Sie kennen das sicher von vielen anderen Holzelementen in Ihrem Haushalt: Holz verzieht sich mit der Zeit. Leichte Bewegungen wie diese sind grundsätzlich kein Problem und führen nicht zwangsläufig zu Sanierungsnotwendigkeiten. Werden sie jedoch mit starren Elementen gemischt, kann dies zu Rissen und zur Blasenbildung in Zement und modernen Fassadenmaterialien führen. So können schnell Risse in Farbe und Putz entstehen, was (vor allem bzgl. des Putzes, welcher schwieriger zu erneuern ist als die Farbe) grundsätzlich weitestgehend vermieden werden sollte.

Einbau und Anbau von Treppen und/oder Aufzügen

Modernen Aufzügen können denkmalschutzrechtliche Vorschriften ebenfalls im Weg stehen. Viele Menschen können sich dies bereits denken, vergessen aber, dass auch zusätzliche Treppen nicht einfach so eingebaut werden dürfen. Auch Treppen bedürfen bei einem denkmalgeschützten Gebäude einer Genehmigung. Erkundigen Sie sich unbedingt vor dem Kauf über Ihre Chancen und Möglichkeiten, falls Sie auf zusätzliche Treppen oder Aufzüge (evtl. auch Treppenlifte, etwa aufgrund von Barrierefreiheit) angewiesen sind.

Energetische Sanierung

Auch energetische Sanierungen können das Gebäude auf eine Art verändern, die denkmalschutzrechtlich untersagt ist – dazu haben Sie bereits viel gelesen. Schauen Sie sich gerne noch einmal das dementsprechende Kapitel an, falls noch Unsicherheiten oder Fragen bestehen. Der Spagat zwischen energieeffizienten Maßnahmen und Denkmalschutz ist nicht immer ganz einfach – aber machbar. Mehr dazu lesen Sie jedoch im Kapitel „Gesunde und nachhaltige Altbausanierung".

Reparatur/Erneuerung von Fenstern, Türen, Wandverkleidungen und Dacheindeckungen

Nicht nur der Einbau von Fenstern und Türen kann das Außenbild des denkmalgeschützten Altbaus derart beeinflussen, dass er genehmigungspflichtig wird. Auch Reparatur und Erneuerung dergleichen sind unter Umständen genehmigungspflichtige Maßnahmen – schließlich müssen die Vorschriften immer präzise eingehalten werden. Das Gleiche gilt für Wandverkleidungen und die Dacheindeckung. Wenn beispielsweise eine Form für die Dachverkleidung gefordert wird, muss diese auch bei potenziell anfallenden Reparaturarbeiten konsequent beibehalten werden. Alternative Notlösungen sind also leider nicht möglich.

Einbau von Schaufenstern und Werbeanlagen

Sie möchten Ihr Gebäude als Gewerberaum nutzen? Werbung und Schaufenster jeder Art sind bei unter Denkmalschutz stehenden Gebäuden meist genehmigungspflichtig. Da es sich hierbei selten um notwendige Maßnahmen handelt – anders als möglicherweise der Austausch einer defekten Tür oder Dacheindeckung –, kann es deutlich schwieriger sein, diese Genehmigungen zu bekommen. Soweit möglich, sollten Sie sich daher bereits früh im Vorfeld über Ihre Optionen informieren.

Statische Eingriffe aller Art

Zu statischen Eingriffen aller Art haben Sie bereits in vorangegangenen Kapiteln einiges gelesen. Auch diese Eingriffe sind überwiegend genehmigungspflichtig, sofern das Gebäude unter Denkmalschutz steht. Steht es nicht unter Denkmalschutz, müssen Sie die Maßnahmen dennoch mit einem Statiker abklären lassen, um die Sicherheit der Bewohner und Besucher des Gebäudes nicht zu gefährden.

Neubauten in unmittelbarer Umgebung des Baudenkmals

Es könnte überraschend kommen – aber auch Neubauten in unmittelbarer Umgebung des Baudenkmals sind vom Denkmalschutz erfasst und bedürfen einer Genehmigung. Das gilt in der Regel auch dann, wenn sie nicht direkt an den Altbau anschließen. Für einen kompletten Neubau benötigen Sie auch ohne Denkmalschutz eine Baugenehmigung. Sie müssen Ihre Pläne daher ohnehin beim zuständigen Bauamt anzeigen und auf eine Antwort warten. Dort wird man Ihnen weitere Informationen mitteilen und ggf. sagen, welche Genehmigungen Sie noch einholen müssen.

Beseitigung und Veränderung von Anlagen

Auch das Beseitigen und Verändern von Anlagen fällt in der Regel unter die genehmigungspflichtigen Aufgaben, wenn ein Altbau unter Denkmalschutz steht. Dabei ist es durchaus möglich, dass Ihnen zwar in einem gewissen Rahmen die Veränderung, aber nicht der Abriss einer Anlage genehmigt wird.

Veränderung oder Beseitigung garten- oder landschaftsgestalterischer Anlagen in der Umgebung des Denkmals

Letztlich zählen auch garten- und landschaftsgestalterische Anlagen in der Umgebung des Denkmals zu den geschützten Bereichen. Für das Fällen von Bäumen fällt häufig ohnehin eine allgemeine Genehmigungspflicht an. Wenn Wasser (etwa ein Teich) in der unmittelbaren Umgebung des Denkmals zu finden ist, kann auch das die Genehmigungspflicht beeinflussen.

Altbauten und Steuern

Denkmalgeschützte Gebäude können aufgrund von steuerlichen Vorteilen eine gute Kapitalanlage sein. Nach dem Einkommensteuergesetz (EStG) dürfen fremdgenutzte Immobilien nach einer Spekulationsfrist von zehn Jahren steuerfrei verkauft werden. Das gilt auch für solche Bauten, die unter Denkmalschutz stehen. Aber beachten Sie: Für eigengenutzte Immobilien greift die Zehnjahresfrist nicht.

Zudem sind die sogenannten steuerlichen Abschreibungssätze für Kauf und Sanierung eines denkmalgeschützten Gebäudes deutlich höher als für einen Neubau. Abschreibungen sind festgehaltene Wertminderungen von Wirtschaftsgütern, die im Laufe der Zeit natürlicherweise entstehen. Häuser, Autos und viele andere Wirtschaftsgüter verlieren im Laufe der Jahre natürlicherweise durch Abnutzung an Wert. Diese Wertminderung kann von der Einkommensteuer abgesetzt werden. Daher können hohe Abschreibungssätze eine Kapitalanlage durchaus interessant machen. Bei denkmalgeschützten Gebäuden können im Übrigen auch die Anschaffungskosten gegenüber den Anschaffungskosten eines Neubaus steuerlich vorteilhaft sein.

Die gebräuchlichsten Baustoffe

In diesem Abschnitt erhalten Sie einen Überblick über die gebräuchlichsten Baustoffe – von A wie Asphalt bis Z wie Zuschlagstoffe. Mit dieser Grundlage können Sie sich umfassend informieren, Stoffe vergleichen und Ihren Baueinkauf mit gutem Gewissen und einer großen Portion Vorwissen erledigen!

Grundsätzliches und Entwicklung

Baustoffe lassen sich in verschiedene Kategorien unterteilen. So kann beispielsweise zwischen sogenannten **tragenden** und **dämmenden** oder **abdichtenden** und **trennenden** Baustoffen unterschieden werden. Diese Unterteilungen sind jedoch noch sehr grob.

Im Folgenden werden die Baustoffe daher nach Materialunterkategorien geordnet aufgelistet – beispielsweise Metalle, Dämmstoffe und Zuschlagstoffe.

Viele dieser Kategorien und Stoffe können für diverse Arbeiten eingesetzt werden. So finden Dämmstoffe etwa an mehreren Bereichen des Hauses Einsatz. Metalle wiederum finden nicht nur an verschiedenen Hausbereichen Einsatz, sondern werden auch in den unterschiedlichsten Formen eingesetzt – von der kleinsten Schraube bis zu Wasserhähnen, Duscheinrichtungen und tragenden Baugerüsten.

In früheren Zeiten wurde ausschließlich mit Naturmaterialien gebaut. Holz, Lehm und Naturstein waren damals die meistgenutzten Baustoffe. Sie wurden in ihrer natürlichen Beschaffenheit verwendet und übernahmen so ziemlich alle Aufgaben, für die heute häufig künstliche Stoffe genutzt werden. Im Laufe der Jahre wurden immer mehr Baustoffe weiterentwickelt und künstliche Stoffe neu entdeckt. Neue Stoffe bieten einige Vorteile. Beispielsweise ist moderner Stahlbeton deutlich stabiler als reiner Lehm. Heutzutage haben Sie daher eine große Auswahl verschiedenster Baustoffe. Aufgrund dieser Entwicklung finden Sie heutzutage auch häufig die Unterteilung der Baustoffe in organische (natürliche Materialien wie Holz, Zellulose und Sand) und anorganische Stoffe (etwa Kunststoffe). Daneben werden auch Recycling-Baustoffe (sogenannte Sekundärbaustoffe) von Baustoffen ohne Recycling-Anteil getrennt. Recycling-Baustoffe kommen überwiegend bei umweltschonenden Projekten zum Einsatz. Zum Thema des nachhaltigen Bauens finden Sie in einem späteren Kapitel weitere Informationen.

Da viele Baustoffe mehrere Einsatzmöglichkeiten haben und umgekehrt für viele Projektbereiche unterschiedliche Materialien genutzt werden können, ist es nicht immer leicht, die besten Baustoffe zu finden. Neben dem persönlichen Geschmack und den denkmalschutzrechtlichen Vorschriften spielen auch viele andere Faktoren eine Rolle.

Zu den wichtigsten Faktoren bei der Auswahl zählen:

1. Die Stabilität und Robustheit
2. Die Widerstandskraft gegen Witterungsverhältnisse (vor allem bei Materialien, die im Außenbereich eingesetzt werden)
3. Die Wasserdurchlässigkeit
4. Die Luftdurchlässigkeit
5. Die natürlichen Alterungsprozesse
6. Die Umwelt- und Gesundheitsfreundlichkeit
7. Die Kosten

Je nach Einsatzgebiet sind dabei bestimmte Faktoren mehr oder weniger relevant. So sind etwa im Außenbereich Robustheit und Widerstandskraft besonders wichtig, während im Innenbereich (vor allem in Schlafzimmern und jenen Räumen, in denen Sie die meiste Zeit verbringen) die gesundheitliche Verträglichkeit eine besonders hohe Rolle spielt.

In Badezimmern ist das Verhalten eines Materials bei Nässe besonders wichtig, um z. B. die Schimmelbildung zu unterbinden. Natürliche Alterungsprozesse spielen vor allem in den Bereichen eine Rolle, in denen die Statik des Hauses in Gefahr geraten und zukünftige Sanierungsarbeiten besonders beschwerlich werden könnten. Damit Sie bei all diesen Punkten und der breiten Auswahl nicht den Überblick verlieren, erhalten Sie hier eine Liste der wichtigsten Stoffe. Lassen Sie sich am besten von einem Fachmann beraten und die jeweiligen Vor- und Nachteile erklären. Jeden Stoff mit all seinen Eigenschaften aufzuzeigen, würde den Rahmen dieses Buches sprengen.

Damit Sie dennoch eine grobe Idee erhalten, werden Ihnen im Folgenden ein paar grundsätzliche Informationen zu allen Baustoffunterkategorien mitgegeben.

Asphalt

Asphalt bezeichnet eine Mischung aus Gesteinskörnern und Bitumen, die häufig im Straßenbau verwendet wird. Bitumen ist ein Endprodukt der Erdöldestillation und vorwiegend durch seine schwarze, zähe Masse auffallend. Zu den bekanntesten Asphaltarten zählen:

- Asphaltbeton
- Gussasphalt
- Naturasphalt
- Splittmastixasphalt

Beton

Beton wird in flüssiger Form zur Schaffung von großflächigen Bauelementen verwendet. Die verschiedenen Einsatzgebiete von Beton haben Sie zum Teil bereits in vorangegangenen Kapiteln kennengelernt. So ist Beton beispielsweise ein beliebter Stoff beim Bodenbelag (v. a. im Bereich des Fundamentes). Zu den wichtigsten Betonarten zählen:

- Leichtbeton
- Normalbeton
- Porenbeton
- Schwerbeton
- Spannbeton
- Stahlbeton
- Stahlfaserbeton

Bindemittel

Bindemittel kommen dort zum Einsatz, wo mehrere feste Baustoffe miteinander verbunden werden sollen. Bindemittel verkleben beispielsweise Bauteile miteinander, die alleine nicht kleben und daher wackelig sein könnten. Zu den wichtigsten Bindemitteln gehören:

- Anhydritbinder
- Baugips
- Bitumen
- Lehm
- Zement

Dämmstoffe

Dämmstoffe werden in allen Bereichen der Wärmedämmung eingesetzt – beispielsweise in Wänden oder am Dach. Zu den gebräuchlichsten Dämmstoffen gehören:

- Filz
- Flachsfasern
- Getreideschüttungen
- Hanffasern
- Holzweichfaser
- Holzwolle
- Kalziumsilikat
- Kokosmatten
- Kork

- Mineralwolle
- Perlite
- Polystyrol
- Schafwolle
- Schaumglas
- Schaumkunststoff
- Zellulose

Dichtstoffe

Dichtstoffe werden zum Abdichten von Hohlräumen und Lücken genutzt. Zu den wichtigsten Dichtstoffen im Bauwesen gehören:

- Bitumen
- Noppenbahn

Eisen und Stahl

Eisen und Stahl zählen mit Abstand zu den stabilsten und langlebigsten Materialien im Baubetrieb. Sie sind besonders robust, halten schwere Lasten und in der Regel auch problematische Witterungsverhältnisse gut aus. Das macht sie bei vielen Bauherren zu beliebten Materialien auf vielen Ebenen. Zu den gebräuchlichsten Eisen- und Stahlarten zählen die folgenden:

- Baustahl
- Betonstabstahl
- Betonstahlmatte
- Gusseisen
- Profilstahl

Glas

Auch Glas kommt beim Bauen häufig zum Einsatz. Einer der häufigsten Einsatzorte ist natürlich die Fensterverglasung. Auch bei Gläsern unterscheidet man zwischen verschiedenen Varianten. Dazu zählen:

- Flachglas
- Glasbaustein
- Pressglas

Holz

Holz ist eines der beliebtesten Materialien beim Bau. Das gilt insbesondere für Altbauten, da dieses Material den historischen Charme exzellent aufrechterhalten kann. Holz ist atmungsaktiv und besteht aus natürlichem Material. Durch die naturnahe, warme Optik verleiht es Gebäuden außerdem einen besonders heimeligen Charme. Holz wird an Wänden, Dachstühlen, Fußböden, Einrichtungsgegenständen, Türen und vielen anderen Orten verarbeitet. Zu den wichtigsten Holzarten gehören:

- Bauholz
- Brettschichtholz
- Furnierschichtholz
- Holzwolle
- Leimbinder
- Spanplatte
- Sperrholz

Künstliche Bausteine

Künstliche Bausteine sind beliebte Baustoffe für Fassaden, Wände und andere Bauteile, die robuste und langlebige Materialien erfordern. Zu den Kunstbausteinen gehören:

- Blähton
- Dachziegel
- Kalksandsteine
- Klinker
- Lehmziegel
- Ziegel

Kunststoffe/Elastomere

Kunststoffe gehören bei modernen Bauarbeiten und Sanierungsprozessen ebenfalls zu beliebten Baustoffen. Sie sind langlebig und stabil gegen Witterungsverhältnisse. Elastomere sind Kunststoffe, die überwiegend formfest, aber elastisch sind. Sie verformen sich beispielsweise bei Zug- oder Druckbelastung und können sich somit auch an schwierige Umstände anpassen. Lässt die Belastung nach, springen sie jedoch wieder in ihre ursprüngliche Gestalt zurück. Aufgrund dieser Eigenschaften finden Elastomere häufig in Dichtungen Anwendung (etwa als Dichtungsring oder Gummiband). Zu den wichtigsten Elastomeren zählen:

- Acryl
- Kautschuk
- Polyurethan (PUR)
- Silikon

Kunststoffe/Duroplaste

Duroplaste sind Kunststoffe, die nach ihrer Aushärtung nicht mehr verformt werden können – sie verbleiben also in der Form, die sie nach dem Aushärten angenommen haben. Insofern eignen sich diese Kunststoffe besonders hervorragend für alle Kunststoffteile, die ihre Form möglichst auch bei starkem Druck beibehalten sollen. So findet man Duroplaste beispielsweise auch in Schutzhelmen. Duroplaste haben allerdings den Nachteil, dass sie nicht recyclebar sind. Zu den wichtigsten Duroplasten zählen:

- Epoxidharz (EP)
- Melamin-Formaldehyd-Harz (MF)
- Phenol-Formaldehyd-Harz (Bakelit, PF)

Kunststoffe/Thermoplaste

Thermoplaste haben die Eigenschaft, sich unter bestimmten Temperaturen verformen zu können. Danach bleiben sie fest, ähnlich wie die Duroplaste. Da sie in der Regel unter großer Hitzeeinwirkung jedoch wieder verformbar sind (beispielsweise durch Schmelzen), können sie theoretisch jederzeit wieder bezüglich ihrer Form angepasst werden. Das macht sie zu einem flexibel einsetzbaren Baustoff. Die bekanntesten Thermoplaste sind:

- Ethylen-Tetrafluorethylen (ETFE)
- Polyamid (PA)
- Polyethylen (PE)
- Polypropylen (PP)
- Polystyrol (PS)
- Polyvinylchlorid (PVC)

Metalle (außer Eisen und Stahl)

Metalle, die nicht Eisen und Stahl sind, werden auch als Nichteisenmetalle bezeichnet. Ob im kleinen Rahmen als Schraube oder in größeren Bauteilen wie Platten, Sanitäranlagen und Küchenbereichen – Metalle jeder Art kommen beim Bau häufig zum Einsatz. Teilweise bieten diese sogar große Vorteile im Vergleich zu Stahl und Eisen. Beispielsweise kann Aluminium nicht rosten, ist aber dennoch äußerst stabil. Die bekanntesten Nichteisenmetalle sind:

- Aluminium
- Blei
- Kupfer
- Magnesium
- Zink
- Zinn

Mörtel

Mörtel dient vor allem dem Verschließen von Mauerbestandteilen und dem Verputzen von Decken und Wänden. Zu den gebräuchlichsten Mörteln gehören:

- Estrichmörtel
- Fliesenkleber
- Mauermörtel
- Putzmörtel

Wie Sie erkennen können, haben viele Mörtelarten ihre Funktion bereits im Namen. Dadurch ist es bei diesem Baustoff in der Regel kein Problem, die benötigte und passende Variante zu finden.

Natursteine

Natursteine, auch Naturwerksteine genannt, zählen zu den beliebtesten natürlichen Baustoffen und kommen überall dort zum Einsatz, wo auf robustes Material gesetzt werden muss (beispielsweise Fassaden, Wände und Sanitäreinrichtungen). Zu den Natursteinen gehören:

- Basalt
- Granit
- Kalkstein
- Marmor
- Schiefer
- Tuff

Verbundwerkstoffe

Sogenannte Verbundwerkstoffe sind Stoffe, die aus mehreren Komponenten gemischt werden. Ihr Einsatzgebiet variiert stark. Verbundwerkstoffe sind in der Regel also vielfältig einsetzbar (z. B. bei Fundamenten, aber auch bei Wänden). Zu diesen Stoffen zählen beispielsweise:

- Gipskartonplatten
- Faserbeton
- Stahlbeton
- Stahlfaserbeton

Diese Stoffe können sehr verschiedene Eigenschaften haben, dienen aber häufig dazu, großflächige Baubereiche zu bearbeiten oder Flächen miteinander zu verbinden.

Zuschlagstoffe

Zuschlagstoffe sind Hilfsstoffe, welche die Eigenschaften von Gemengen verbessern sollen. Sie werden daher auch als additive Stoffe bezeichnet. Am häufigsten kommen Sie in Mörtel- und Betonmischungen vor. Zu den wichtigsten Zuschlagstoffen gehören:

- Blähton
- Hochofenschlacke
- Kies
- Sand

Gesundheitsgefährdende Stoffe

Zum Thema Umweltschutz und Gesundheit lesen Sie in einem folgenden Kapitel noch mehr. An dieser Stelle soll jedoch bereits darauf hingewiesen werden, dass Sie beim Bauen sicherlich häufig mit ungesunden Stoffen konfrontiert werden. Selbst wenn Sie sich für eine umweltschonende Bauweise entscheiden, kann es durchaus vorkommen, dass Sie in Ihrem Altbau noch Reste gesundheitsgefährdender Stoffe finden. Daher sollten Sie stets vorsichtig und mit Mundschutz arbeiten, wenn Sie alte Bestandteile herausreißen. Achten Sie auch darauf, alle gesundheitlichen Stoffe restlos zu entfernen – schließlich möchte niemand unnötige Risiken mit potenziell schwerwiegenden Folgen eingehen. Lassen Sie den Altbau gegebenenfalls durch eine Fachperson überprüfen, die das Vorhandensein solcher Schadstoffe feststellen und ggf. die Konzentration bestimmen kann. Stoffe, die in diese Kategorie fallen, sollten möglichst vermieden werden. Die Nutzung von Stoffen, wie z. B. Asbest, ist – zumindest in Deutschland – per Gesetz untersagt. Falls Sie um die Verwendung von Materialien, wie beispielsweise Teer, nicht herumkommen sollten, sollten Sie dies mit größter Vorsicht unternehmen. Unschädliche Ersatzstoffe sollten vorher immer stets in Betracht gezogen werden. Zu den bekanntesten gesundheitsgefährdenden Stoffen zählen:

- Asbest
- Blei
- Teer
- Schimmel (dieser kann sich gerne mal in Ecken verstecken, welche nicht leicht zugänglich sind)

Bauwerksschäden

Haben Sie Sorge vor Bauwerksschäden? Fürchten Sie, dass Sie Schäden, die behoben werden müssen, nicht erkennen können? Oder haben Sie Angst, dass Ihnen selbst Fehler unterlaufen, die Sie nicht bemerken? Dann wird Ihnen in diesem Abschnitt geholfen! Lernen Sie mit den folgenden Hinweisen, Bauwerksschäden zu erkennen, zu vermeiden und zu beseitigen!

Bauwerksschäden zu erkennen ist gar nicht mal so schwierig! Dabei können Ihnen einige Tipps helfen, die diese schwierig anmutende Aufgabe in ein Kinderspiel verwandeln. Sie können sich dabei gerne an den folgenden Merkmalen zur Identifizierung und Beseitigung beschädigter Bausubstanz entlanghangeln. Bei diesen handelt es sich um die am häufigsten auftretenden Bauschäden.

1. Vorhandensein von Schimmel

Schimmel – zu diesem später noch mehr – ist der Erzfeind eines jeden Altbausanierenden. Dieser tückische Pilz entsteht gerne in feuchten, schlecht durchlüfteten Umgebungen und kann sich negativ auf die Gesundheit auswirken. Schimmel muss also – wenn vorhanden – stets komplett beseitigt werden. Das Hauptmerkmal eines Schimmelbefalls ist das Vorhandensein von schwarzen Flecken, die sich allmählich ausbreiten. Der Pilz wächst immer weiter und infiltriert nach und nach z. B. die Wände oder Tapeten. Da Schimmel giftig ist, sollte dieser stets durch eine Fachperson entfernt werden. Wenden Sie sich also an einen Experten.

2. Risse im Putz

Putz unterliegt gewissen Alterungs- und Abnutzungsprozessen, die sich u. a. durch Risse bemerkbar machen können. Kleinere Risse können in der Regel durch einfaches Verputzen wieder behoben werden. Größere, wiederkehrende Schäden sind einer genaueren Analyse durch Fachpersonal zu unterziehen. Diese können sich im schlimmsten Fall auf die Stabilität des Hauses auswirken. Oftmals lassen sich solche Risse auf z. B. Schäden am Fundament oder an den tragenden Elementen zurückführen. In solchen Fällen benötigen Sie die Hilfe von Experten.

3. Dichtungsschäden im Dachbereich

Dichtungsschäden im Dachbereich machen sich z. B. schnell bei Regen bemerkbar, da dieser ins Innere des Hauses tropft und dort eine Pfütze hinterlässt. Die feuchte Stelle ist oftmals leicht lokalisierbar. Sie befindet sich in der Regel über dem Punkt, an dem sich auch die Pfütze bemerkbar macht.

Dieses Problem kann im besten Fall durch eine punktuelle Ausbesserung behoben werden. Falls jedoch auffällt, dass solche Schäden vielleicht sogar über das ganze Dach verteilt vorhanden sind, lohnt sich die Erneuerung des Daches meistens komplett.

4. Blasenbildung im Außenputz

Der Außenputz des Hauses sollte glatt sein. Wie Sie bereits erfahren haben, können Risse im Putz ein großes Problem darstellen. Doch wie verhält es sich beim Auftreten von Blasen? In der Regel treten Blasen auf, wenn ein größeres Problem im Zusammenhang mit Feuchtigkeit vorhanden ist. Meistens handelt es sich dabei um Rohrbrüche, die man logischerweise immer schnellstens beheben sollte. Die austretende Feuchtigkeit wirkt sich nicht nur negativ auf den Putz und die Stabilität des Hauses aus, sondern kann auch Schimmelbildung begünstigen. Zur Problembeseitigung kann hier nur ein Fachmann aufgesucht werden.

5. Feuchte Kellerräume

Feuchte Kellerräume können auf einige Probleme hinweisen. Zu den häufigsten Ursachen zählen jedoch die schlechte Abdichtung von Heizungs- und Lüftungsrohren, defekte Wasserleitungen oder die unzureichende Abdichtung des Kellers (z. B. undichte Kellerfenster).

Weniger schwerwiegende Probleme können oftmals von Ihnen selbst behoben werden. Dazu gehört beispielsweise die Nachdichtung von Fenster- oder Türrahmen. Schäden an Heizungs-/Lüftungsrohren oder Wasserleitungen können nun durch einen Fachmann erkannt und beseitigt werden. Leider ist dies meistens mit einem hohen Aufwand und einigen Kosten verbunden.

Grundsätzlich gilt: Je eher Sie einen Bauschaden erkennen, desto besser. Prüfen Sie das Gebäude, wenn möglich, noch vor dem Erwerb. So sichern Sie sich rechtlich ab und können unschöne Überraschungen vermeiden.

Gesunde & nachhaltige Altbausanierung

Bei Ihrem Bau- und Sanierungsvorhaben sollte Ihre Gesundheit stets an erster Stelle stehen – schließlich möchten Sie sich möglichst lange in Ihrem neuen Heim aufhalten. Damit Sie ungesunde Stoffe in Wänden und Bodenbelag vermeiden, lernen Sie hier alles über gesunde und ungesunde Sanierungsmaßnahmen. Auch das Thema Nachhaltigkeit spielt dabei eine große Rolle. Schließlich werden umweltfreundliche Maßnahmen in allen Lebensbereichen immer wichtiger. Die gute Nachricht: Gesunde Baustoffe und Materialien sind in der Regel auch gleichzeitig die nachhaltigsten.

Im Folgenden lesen Sie, wie Sie ein möglichst angenehmes Raumklima gestalten können, welche giftigen Schadstoffe sich in Altbauten verstecken können und wie Sie diese Stoffe beseitigen. Außerdem erhalten Sie Erklärungen zu den Auswirkungen von Wohngiften auf den Menschen und einen Überblick über mögliche Symptome, die im Zusammenhang mit gewissen Schadstoffen auftreten können. Wenn Sie diese Symptome feststellen, lohnt es sich in der Regel, einen Fachmann hinzuzuziehen, um die Wohnräume auf Schadstoffe zu überprüfen. Konsultieren Sie auch einen Arzt – Ihre Gesundheit steht schließlich an erster Stelle. Arbeiten Sie stets mit Sorgfalt und unter Einhaltung der Vorsichtsmaßnahmen, wenn Sie mit giftigen Stoffen in Kontakt kommen sollten. So vermeiden Sie das Einatmen oder anderweitige Aufnehmen von schädlichen Stoffen.

Raumklima verbessern

Das Raumklima spielt in einem gesunden Zuhause eine große Rolle. Schon mit wenigen kleinen Maßnahmen können Sie das Raumklima nachhaltig und merklich verbessern. Zu den wichtigsten Faktoren zählen dabei insbesondere Frischluft, angenehme Temperaturen und die richtige Luftfeuchtigkeit. Maßnahmen, die das Raumklima verbessern, können sich auf vielen Ebenen befinden. Einige Maßnahmen betreffen bereits den Bau oder die Sanierung. Andere wiederum können durch entsprechende Einrichtungsarten durchgeführt werden.

Ein behagliches Wohnklima

Fragen Sie sich auch, woran Sie ein behagliches Wohnklima erkennen? Im Grunde ist dies für Bewohner und Besucher sehr einfach festzustellen: Sie fühlen sich auch bei längeren Aufenthalten in den Wohnräumen wohl. Die Luft ist angenehm, Sie werden nicht aufgrund eines Frischluftmangels müde und haben nicht das Bedürfnis, aufgrund von Kälte eine Jacke anzuziehen. Doch wie erkennen Sie nun ein schlechtes Raumklima? Häufig macht sich ein ungesundes Klima zunächst durch kleine Symptome bemerkbar, die Sie anfangs möglicherweise gar nicht dem Raumklima zuordnen würden. Daher ist es wichtig, bei der Sanierung bereits im Vorfeld auf ein gutes Umfeld zu achten, indem Sie z. B. alles ordentlich und ohne Rückstände herausreißen.

In einem Vier-Personen-Haushalt werden pro Tag zwischen sechs und zwölf Liter Wasser an die Luft abgegeben – je nachdem, wie lange sich die Familienmitglieder zuhause aufhalten. Diese Feuchtigkeit kann in die Wände ziehen und Schimmel auslösen. Außerdem sorgt sie für eine hohe Luftfeuchtigkeit in den Räumlichkeiten, die unangenehm sein kann. Viele Menschen reagieren auf eine hohe Luftfeuchtigkeit mit Symptomen wie Müdigkeit und Trägheit. Vielleicht kennen Sie dies beispielsweise von Urlaubsreisen in schwül-warme Länder? Daher ist es wichtig, dass Luftfeuchtigkeit aus den Räumen herausgelüftet wird. Das regelmäßige Lüften ist sowohl in gut sanierten als auch in Wohngebäuden mit undichten Fenstern und Dächern wichtig.

Ein weiterer Grund, für Frischluft zu sorgen: Menschen atmen Kohlendioxid (CO_2) aus, was sich in der Raumluft schnell anstauen kann. Riecht ein Raum nach abgestandener Luft, liegt das häufig an einer zu hohen Kohlendioxidkonzentration. Falls Sie Haustiere haben sollten, verstärkt deren Atmung diesen Effekt. Dazu sammeln sich menschliche Ausdünstungen, Schadstoffe und Gerüche aus Möbeln und Baumaterialien in der Luft an. Dadurch kann die Raumluft erheblich belastet werden. Dies sorgt dafür, dass Sie nicht ausreichend Sauerstoff über die Frischluft einatmen können und ungewollte Ausdünstungen und Schadstoffe über die Luft aufnehmen – und das kann zu Müdigkeit und Konzentrationsschwäche führen. Ihr Gehirn profitiert also ungemein von einer regelmäßigen Frischluftzufuhr. Deshalb empfiehlt man Büroarbeitern auch regelmäßiges Fensteröffnen, wenn sie merken, dass die Konzentration abnimmt. Lüften Sie also regelmäßig durch – es lohnt sich!

Eine Kombination aus richtigem Lüften und Heizen sorgt für ein angenehmes Wohnklima. Das Ziel soll die Vermeidung von zusätzlichen Schadstoffen (wie Schimmel) sowie ein ausreichender Frischluftgehalt in den Räumen sein.

Temperatur und Luftfeuchtigkeit regulieren

Ein angenehmes Wohnklima ist vor allem von einer ausgewogenen Raumtemperatur und einer angenehmen Luftfeuchtigkeit abhängig. Als angenehme Temperatur werden dabei meistens 18 bis 22 Grad empfunden. Dies ist natürlich von Bewohner zu Bewohner unterschiedlich. Auch ist die Wohntemperatur von den Aktivitäten abhängig. So wünschen sich die meisten Menschen eher wärmere 22 Grad, wenn sie gemütlich auf dem Sofa liegen, und eher milde 18 Grad, wenn Sie sich viel in den Räumen bewegen. Die relative Luftfeuchtigkeit sollte dabei – ebenfalls abhängig von den Einzelfallumständen – zwischen 40 % und 60 % betragen. Sinkt die Luftfeuchtigkeit auf unter 30 %, kann dies die Schleimhäute reizen. Die Luft ist dann so trocken, dass der Körper mit Reizsymptomen reagiert. Solch negative Auswirkungen können sich beispielsweise in Form von Nasenbluten (bedingt durch trockene Nasenschleimhäute) oder trockenen Augen (ruft z. B. ein Jucken oder ein Fremdkörpergefühl hervor) manifestieren. Steigt sie höher, besteht Schimmelgefahr. Dies hängt auch von der Jahreszeit ab. Schimmelpilze fühlen sich bei Wärme (nicht Hitze) und Feuchtigkeit wohl. Da die Luft auch draußen im Winter häufig feuchter ist als im Sommer und die Temperaturen nie auf für Schimmel unangenehme 30 Grad steigen, ist die Schimmelgefahr im Winter in der Regel größer. Daher darf die Luftfeuchtigkeit im Winter in den Räumen gerne zwischen 40 % und 50 % gehalten werden. Besteht eine relative Luftfeuchtigkeit von 70 % bis 80 % direkt an der Wand, können Schimmelpilze sich hier besonders schnell ausbreiten. Diese Luftfeuchtigkeit werden Sie ohne besondere Überprüfungen kaum wahrnehmen können. Auch wenn sich 70 % bis 80 % hoch anhören, wird sich die Wand jedoch nicht feucht oder nass anfühlen. Auch Kondenswasser muss dafür nicht sichtbar sein. Dieses entsteht erst ab einer Luftfeuchtigkeit von 100 %. Temperaturen lassen sich mit einem einfachen Thermometer überprüfen. Für die Messung der Luftfeuchtigkeit besorgen Sie sich am besten ein sogenanntes Thermo-Hygrometer. Dieses erhalten Sie für wenige Euro im Baumarkt. Moderne Smart-Home-Systeme beinhalten in der Regel ebenfalls Sensoren für die Luftfeuchtigkeit. Auch eine Fachperson kann Ihnen bei der Überprüfung der Luftfeuchtigkeit unter die Arme greifen. Jene kann beispielsweise die Arten von Schimmel nachweisen, welche nicht mit dem bloßen Auge erkennbar sind. Falls also Unsicherheiten oder Fragen bestehen sollten, ist der Experte stets die richtige Anlaufstelle!

Mehr zur Vermeidung und Beseitigung von Schimmel erfahren Sie in einem der folgenden Abschnitte.

Symptome eines ungesunden Raumklimas

Ein ungesundes Raumklima kann sich auf diverse Arten bemerkbar machen. In der Regel werden Sie über kurz oder lang mehr oder weniger stark ausgeprägte Krankheitssymptome bemerken. Zu den häufigsten ersten Symptomen einer ungesunden Raumluft gehören die folgenden:

- Allergische Reaktionen (z. B. tränende Augen, ständiges Niesen)
- Allgemeines Unwohlsein (u. a. bedingt durch die anderen Symptome, die sich im Laufe der Zeit summieren können)
- Atemwegsbeschwerden (z. B. Kurzatmigkeit)
- Konzentrationsschwierigkeiten (trotz z. B. genügender Flüssigkeitszunahme und ausreichend Schlaf)
- Kopfschmerzen
- Müdigkeit (trotz genügend Schlaf)
- Rötungen und Tränen der Augen
- Schwindel
- Übelkeit
- Juckreiz der Haut und Schleimhäute (bedingt durch zu trockene Luft)

Wie schnell und häufig Sie diese Symptome erfahren, hängt von der Belastung in Ihrer körperlichen Sensibilität ab. Einige Bewohner reagieren auf Schimmel bereits sehr sensibel und schnell mit Atemwegsbeschwerden, während andere jahrelang keine Symptome verspüren. Da sich die Schadstoffbelastung dennoch langfristig negativ auf Ihre Gesundheit auswirken kann, empfiehlt sich eine Schadstoffüberprüfung spätestens direkt mit Beginn der Sanierungsarbeiten. Langfristig kann eine besonders hohe Schadstoffbelastung sogar ernsthafte Allergien und Erkrankungen auslösen (darunter auch Krebs). Eine Therapie können Sie erst dann erfolgreich durchführen, wenn die Ursache beseitigt worden ist und keine weiteren Giftentweichungen zu befürchten sind. Damit es so weit gar nicht erst kommt, empfiehlt es sich, Schadstoffbeseitigungen so früh wie möglich vorzunehmen. Zu erwähnen ist ebenfalls, dass die oben aufgeführten Symptome auch bedingt durch Ursachen anderer Natur auftreten können. Falls Sie eines oder mehrerer Symptome länger als ein paar Tage beobachten können, ist so schnell wie möglich ärztlicher Rat einzuholen. Das gilt vor allem dann, wenn Sie kein Abklingen der Symptome feststellen können oder diese relativ neu aufgetreten sind. Gehen Sie lieber auf Nummer sicher, anstatt sich potenziell vermeidbaren gesundheitlichen Risiken auszusetzen.

Tipps für ein gesundes Raumklima

In diesem Abschnitt erhalten Sie ein paar zusätzliche Tipps für ein gesundes Raumklima. Beachten Sie diese Hinweise genauestens und sorgen Sie somit für eine heimelige Atmosphäre:

- Richtiges Lüften ist das A und O – denken Sie täglich ans regelmäßige Stoßlüften. Lüften Sie auch immer dann, wenn Sie Müdigkeit oder Konzentrationsmangel bemerken – vor allem, wenn Sie von Zuhause aus arbeiten.
- Sorgen Sie für natürliche Materialien. Natürliche Baumaterialien unterstützen ein gesundes Raumklima, da diese keine schädlichen Stoffe in die Räumlichkeiten absondern können.
- Vermeiden Sie Elektrosmog. Zu viele elektronische Geräte auf einem Haufen können das Raumklima verschlechtern. Möglicherweise kennen Sie diesen Effekt bereits vom Betreten eines Elektrofachhandels. Vor allem im Schlafzimmer sollten elektronische Geräte eher weniger genutzt werden. Greifen Sie anstelle des Smartphones zum Beispiel auf einen klassischen Wecker zurück!
- Setzen Sie auch auf naturnahe Einrichtungsgegenstände. Möbel aus Holz können das Raumklima und die Atmosphäre fördern.
- Pflanzen unterstützen ein ideales Raumklima, da sie das abgegebene CO_2 in Sauerstoff umwandeln. Eine oder mehrere Pflanzen in jedem Raum verbessern Ihr Umfeld nachhaltig.
- Bauen Sie nach Möglichkeit in jeden Raum Fenster zur besseren Belüftung ein. Das hebt durch den Eintritt von natürlichem Tageslicht auf Dauer auch die Stimmung. Ersatzweise können auch Lampen verwendet werden, die effektiv das Tageslicht imitieren können. Ihre Leuchtkraft ist weniger harsch als das Licht von Standard-LEDs und somit angenehmer für das Auge.
- Vermeiden Sie den Einsatz von Produkten mit schädlichen Inhaltsstoffen im Haus. Sprühdosen, giftige Farben und andere giftstoffhaltige Produkte sollten nur an der frischen Luft in Kombination mit Schutzkleidung (z. B. spezifischen Masken) eingesetzt werden.
- Vermeiden Sie Zigarettenrauch in den Innenräumen. Dieser zieht in die Möbel und Wände ein und verschlechtert so auch die Luft in den Wohnbereichen. Auch kann Zigarettenrauch für die Verfärbung von Tapeten sorgen, indem diese dadurch vergilben. Achten Sie beim Rauchen (auch bei Gästen) stets auf ein geöffnetes Fenster oder gehen Sie vor die Tür.
- Heizen Sie nach Bedarf. Sorgen Sie für eine angenehme Temperatur, aber vermeiden Sie trockene Luft und Hitze.
- Entstauben Sie die Wohnung regelmäßig – insbesondere hinter den Heizkörpern. So vermeiden Sie, dass beim Aufdrehen der Heizung Staub aufgewirbelt wird. Gerade in alten Holzdielen kann sich Staub schnell ansammeln. Vor allem für Allergiker ist das regelmäßige Entstauben ein A und O.

Natürliche Baustoffe

Natürliche Baustoffe sind die Grundlage für umweltfreundliches und gesundes Bauen. Leider werden beim Bau immer noch zahlreiche giftige Stoffe eingesetzt, die der Gesundheit und der Natur schaden können. Um möglichst natürliche Baustoffe zu nutzen, sollten Sie sich im Vorfeld umfassend mit Ihren Möglichkeiten beschäftigen. Natürliche Baustoffe bringen zahlreiche Vorteile mit sich, zu den Wichtigsten gehören die folgenden:

- Sie sind überwiegend schadstofffrei und damit besonders gesundheitsfreundlich.
- Natürliche Baustoffe sind besonders umweltschonend.
- Viele natürliche Baustoffe – wie Holz – sind recycel- und wiederverwertbar.
- Selbst bei der völligen Vernichtung von natürlichen Baustoffen entstehen kaum giftige Abfallprodukte.
- Natürliche Materialien verleihen Ihrem Anwesen einen besonders gemütlichen Charme.
- Natürliche Baustoffe sind die unschädlichsten Materialien, die Sie finden können, wenn Sie Kinder und Tiere im Haus haben.
- Stoffe sowie Holz und Lehm wirken sich positiv auf das Raumklima aus.

Damit Ihre Sanierungsarbeiten möglichst schadstofffrei vonstattengehen, sollten Sie auf natürliche Stoffe setzen. Erkundigen Sie sich im Fachhandel nach Ihren Möglichkeiten. In der Regel gibt es für jeden Abschnitt Ihres Hauses natürliche Alternativen zu synthetischen Rohstoffen. So vermeiden Sie, dass Sie sich nach der Sanierung weitere Giftstoffe ins Haus holen. Schließlich ergibt das Entfernen von Wohngiften nur dann Sinn, wenn keine neuen im Nachhinein wieder hinzukommen. Insbesondere wenn Sie bereits bestehende Immunschwächen oder Allergien haben, ist der Verzicht auf Giftstoffe und synthetische Mittel besonders wichtig. Letztlich wird auch die Umwelt es Ihnen danken.

Wohngifte im Altbau erkennen und beseitigen

Wohngifte können sich in Ihrem Altbau bereits verstecken, ohne dass Sie etwas davon ahnen. Daher ist es wichtig, sich auch mit diesem Thema zu befassen. Können Sie die ungesunden Stoffe gut identifizieren, haben Sie auch die Möglichkeit, etwas an der Situation zu verändern.

Wohngifte verstecken sich vor allem in Altbauten, die zwischen den 1950ern und 1970ern gebaut wurden. In dieser Zeit wurden leider häufig ungesunde Baustoffe – wie ungesunde Klebstoffe – verwendet. Dadurch entsteht in den Bauten eine erhöhte Schadstoffbelastung. Diese wiederum kann zu Gesundheitsbeeinträchtigungen und Allergien führen. Im Rahmen einer Sanierung sind Wohngifte daher umfangreich und rücksichtslos zu entfernen. Doch wie erkennen Sie Schadstoffe in Altbauten?

Grundsätzliche Hinweise zum Erkennen von Wohngiften

Wohngifte und Schadstoffe in Ihrem Altbau können Sie an vielen Punkten erkennen. Am auffälligsten ist es dann, wenn Ihnen bereits Verfärbungen an den Wänden auffallen. So macht sich Schimmel häufig durch schwarze Punkte an den Wänden bemerkbar. Aber auch andere Schadstoffe können sich durch Verfärbungen an den Wänden zeigen. Sehen Sie besondere Auffälligkeiten, von denen Sie nicht genau wissen, worum es sich dabei handeln könnte, sollten Sie einen Fachmann zurate ziehen. Dieser kann Ihnen im Zweifelsfall sagen, ob es sich um Schadstoffe handelt und wenn ja, um welche. Ein weiterer klarer Hinweis auf Schadstoffe sind unangenehme Gerüche. Falls in Ihrem Altbau also etwas merkwürdig riechen sollte und Sie diesen Geruch nicht identifizieren können, sollten Sie diesem Problem folglich genauestens auf den Grund gehen.

Außerdem empfiehlt es sich, bevor Sie einen Altbau sanieren, eine grundlegende Analyse der Raumluft und des Hausstaubes durchzuführen. Auch hierfür holen Sie einen Fachmann zurate. Dieser nimmt Proben und analysiert sie im Labor. So erlangen Sie erste Hinweise darüber, ob sich Schadstoffe in den Wänden befinden. Weitere Hinweise liefern auch das Bauzeitalter, zusätzliche Messungen und eine Analyse der verwendeten Baumaterialien durch eine Sichtprüfung. Letztlich können andere Baumaterialien ebenfalls durch Proben im Labor untersucht werden. Wird bei all diesen Dingen nichts gefunden, können Sie guten Herzens davon ausgehen, dass sich keine oder nur geringfügige Schadstoffe in den Wänden befinden. Zeigen sich hingegen klare Hinweise auf schädliche Baustoffe, sollten Sie sich sofort um eine Entsorgung kümmern. Letztlich sind auch krankheitsbedingte und allergische Symptome ein Hinweis darauf, dass etwas mit der Raumluft nicht in Ordnung ist. Symptome für eine schlechte Raumluft haben Sie bereits kennengelernt. Am auffälligsten sind Atembeschwerden und ein generelles Unwohlsein. Stellen Sie solche Symptome fest, ist dies ein weiterer Grund dafür, eine umfassende Analyse einzuleiten.

Wohngift #1: Schimmel

Schimmel ist eines der häufigsten Probleme in Häusern. Das gilt nicht nur für Altbauten. Die Pilzsporen können sich in hohen Konzentrationen ansammeln und dadurch gesundheitliche Schäden auslösen. Schimmel entsteht vor allem durch aufsteigende Feuchtigkeit, Wärmebrücken oder andere Feuchtigkeitsquellen in den Räumen. Insbesondere die natürlichen Materialien eines Altbaus liefern dem Pilz aber einen perfekten Nährboden. Das ist einer der Gründe dafür, warum in Altbauten Schimmelpilze besonders häufig aufzufinden sind. In geringer Konzentration ist Schimmel zwar nicht unbedingt gesundheitlich unproblematisch, löst aber selten schwere Erkrankungen aus. Trotzdem sollte er aber weitestgehend vermieden werden. In hohen Konzentrationen oder bei bereits bestehenden Allergien und einer Immunschwäche kann es allerdings zu schlimmeren Symptomen kommen. Dazu zählen vor allem Atemwegserkrankungen, Hautprobleme sowie Schäden am Immun- und Nervensystem. Auch das Verdauungssystem kann erkranken. Daher sollte Schimmel, sofern er gefunden wird, umgehend beseitigt werden. Schimmel kann ebenfalls im Rahmen einer umfassenden Analyse ermittelt werden. Häufig sehen wir ihn aber bereits an den Verfärbungen an den Wänden. Achten Sie insbesondere an den Ecken von Wänden und Decken auf Schimmelverfärbungen. Diese erkennen Sie an dunklen (meist schwarzen) Punkten. Teilweise können die Verfärbungen auch ins Braune und Gelbliche gehen. Auch in den Kanten zwischen Wänden und Fußböden kann Schimmel besonders häufig auftreten. Generell sollten Sie überall dort besonders wachsam sein, wo eine hohe Konzentration von Feuchtigkeit zu erwarten ist. Das betrifft beispielsweise Räume wie das Badezimmer, den Keller sowie die unmittelbaren Umgebungen von Fenstern, Türen und Balkontüren.

Schadstoffe & Allergene

Haben Sie Allergien? Dann sollten Sie bei bestimmten Stoffen besonders vorsichtig sein. In einem Altbau verbergen sich häufig Wohngifte und Schadstoffe, die Allergien auslösen können. Gerade wenn bereits bestehende Allergien bekannt sind, sollten Sie beim Sanieren besonders vorsichtig sein. Die folgenden Gifte lassen sich sehr häufig in Altbauten finden:

- Asbest
- Schwer flüchtige Schadstoffe wie PCP und Lindan
- Formaldehyd
- Schwermetalle
- Polyaromatische Wasserstoffe
- Mineralfaser

Asbest ist mittlerweile lange verboten. Dieser Stoff ist so schädlich, dass man ihn heutzutage nicht mehr in Häuser einbauen darf. Zwischen 1930 und 1999 ist er allerdings vielfach verbaut worden. Vorwiegend findet man ihn in Dachplatten, Wandverkleidungen und als Fassadenverkleidung wieder. Ist er fest verbaut und stark gebunden, schadet er den Bewohnern nicht. Allerdings entfaltet das Material eine Lungen schädigende Wirkung, sobald Partikel in die Raumluft gelangen. Da dies in alten Bauten der Fall sein kann oder sich Partikel durch Sanierungsarbeiten lösen können, sollten Sie bei Ihren Vorgehensweisen besonders vorsichtig sein. Lassen Sie im Zweifelsfall einen Fachmann kommen und Ihr Haus auf Asbest überprüfen.

Schwerflüchtige Schadstoffe wie PCP wurden vor allem als Biozide eingesetzt. Sie befinden sich vorwiegend in Holzbauteilen im Innen- und Außenbereich. Dort sind sie eingesetzt, um beispielsweise Holzwürmer zu vermeiden. PCP ist mittlerweile ebenfalls verboten worden. Bis zum Jahr 1989 wurde es jedoch sehr häufig verwendet. Neben dem Einsatz als Holzschutzmittel kannte man es auch als Konservierungsstoff für Leder und Teppiche sowie in Klebstoffen.

Formaldehyd ist ebenfalls eine flüchtige organische Verbindung. In sehr geringen Konzentrationen zählt diese Verbindung noch nicht als giftig. Kommt sie jedoch in höheren Konzentrationen vor, was früher auch der Fall war, gilt sie als Wohngift. Diese Substanz wurde in früheren Zeiten häufig in Klebern, Versiegelungen, Mineralfaserdämmstoffen oder auch in Fertigparkett eingesetzt. Daher finden Sie Formaldehyd häufig in sehr hohen Konzentrationen in Altbauten wieder. Heutzutage steht der Stoff in Verdacht, Krebs zu erregen, weshalb man im Jahr 1977 neue Regelungen einführte. Formaldehyd darf heutzutage nur noch in äußerst geringen Dosierungen eingesetzt werden.
Schwermetalle gehören zu den giftigsten Stoffen in Wohnungen. Sie finden sich häufig in Farbpigmenten, Holzschutzmitteln, Fehlboden, Schüttungen oder generell in Bodenbelägen. Auch sie stellen ein großes gesundheitliches Problem in Altbauten dar. Besonders beim Abbeizen alter Farben oder Entfernen von Oberflächenbeschichtungen auf Holz müssen Sie vorsichtig sein. Die Lösung von Schwermetallen kann zu Vergiftungen führen. Lassen Sie auch hier unbedingt einen Fachmann überprüfen, ob Schwermetallverbindungen in den Fassaden vor Ort vorhanden sind. Ist dies der Fall, sollten Sie das Entfernen der alten Beschichtungen unbedingt dem Fachmann überlassen.

Sogenannte polyaromatische Wasserstoffe wurden vor allem als Parkettkleber eingesetzt. Auch diese Substanz ist mittlerweile verboten, wurde aber vorwiegend zwischen den 1950er und 1960er Jahren eingesetzt. Das bedeutet, dass auch polyaromatische Wasserstoffe in vielen Altbauten vorkommen.

Letztlich wurde auch Mineralfaser in vielen Wohngebäuden eingesetzt. Dieser Stoff wurde erst im Jahr 2000 als krebserregend eingestuft. Alle Bauten, die jünger sind, können daher durchaus noch Mineralfasern beinhalten.

Diese Fasern finden sich vor allem in Außenwänden, in Klebstoffen, in Lüftungsanlagen, in Abdichtungen und zur Wärme- und Schalldämmung.

Nicht nur Allergien können dafür sorgen, dass Sie in Ihrem Zuhause mit gesundheitlichen Problemen zu kämpfen haben. Auch Schadstoffe generell können Ihrer Gesundheit Schwierigkeiten bereiten. Daher sollten Sie bei der Auswahl der Baustoffe stets auf die Inhaltsstoffe achten und generelle Vorsichtsmaßnahmen nicht auf die leichte Schulter nehmen.

Die Beseitigung von Schadstoffen

Die Beseitigung schadstoffbelasteter Bauteile gehört unbedingt in die Hände des Fachpersonals. Nur so können Sie sicherstellen, dass Sie sich den giftigen Stoffen nicht selbst aussetzen. Bei der Untersuchung sollten Sie stets mit einer Schutzmaske arbeiten, um zu vermeiden, dass Sie giftige Stoffe einatmen. Nur kleinere Arbeiten – wie z. B. das regelmäßige Entfernen von wiederkehrendem Schimmel – können Sie mit Hausmitteln und Reinigungsmitteln aus dem Supermarkt selbst angehen.

Energieeffizienz im Altbau

Wenn es um das Thema Nachhaltigkeit geht, ist Energieeffizienz ein großes Thema. Leider ist die Energieeffizienz in vielen Altbauten grundsätzlich schlecht. Das liegt einerseits an der schlechten Isolierung, andererseits an den großen, schwer zu beheizenden Räumen. Dürfen aufgrund des Denkmal- und Bestandschutzes nur geringfügige Maßnahmen vorgenommen werden, kann das Thema Energieeffizienz ein leidiges Thema für jeden Bauherren werden. Dabei gibt es ein paar Details, die stets im Hinterkopf behalten werden sollten!

1. Energiesparmaßnahmen sind durch Gesetze teilweise vorgeschrieben. So haben Sie sich stets an die Rahmenbedingungen der Energieverordnung zu halten. Das gilt letztlich auch für Altbauten.

2. Aufgrund des Denkmalschutzes kann es vorkommen, dass bestimmte Isoliermaßnahmen nicht möglich sind – beispielsweise solche, die die Außenfassadenerscheinung beeinflussen. Das bedeutet jedoch nicht, dass andere Isoliermaßnahmen generell nicht ausgeführt werden dürfen. Sie haben bereits in einem vorangegangenen Kapitel gelernt, dass es mehrere Dämmarten gibt. Nur weil eine nicht erlaubt ist, muss das nicht für alle gelten. Es lohnt sich daher immer, einen umfassenden Vergleich anzustellen und die Möglichkeiten mit einem Fachmann zu besprechen.

3. Energieeffizienzsteigernde Maßnahmen können auf unterschiedliche Wege am Haus durchgeführt werden. Dazu zählt nicht nur die Dämmung der

Wände. Auch die Dämmung durch Fenster (z. B. durch Scheiben mit zusätzlich dämmendem Gasanteil) und Dach spielt eine große Rolle.

4. Wie energieeffizient Ihr Zuhause am Ende ist, hängt auch von anderen Faktoren ab als nur von der Bauweise. So können Sie beispielsweise durch ein geschicktes und individuell abgestimmtes Heiz- und Lüftverhalten (z. B. je nach Außentemperatur) viel bewirken.

5. Auch die Einrichtung Ihres Hauses kann ein energieeffizientes Wohnen unterstützen. Machen Sie es sich gemütlich! Mit warmen Holzmöbeln, Polstern und Decken können Sie nicht nur für eine schöne Optik, sondern auch für Wärme im Haus sorgen. Lassen Sie an sonnigen Tagen durch große Fenster und offene Gardinen viel natürliches Sonnenlicht hineinscheinen! So wärmen sich auch die Innenräume auf natürliche Art und Weise etwas auf.

6. Selbstverständlich spielt auch Ihre Heizquelle eine große Rolle. Heizen Sie mit nachwachsenden Rohstoffen, freut sich die Umwelt. Auch ein Anbieter für Ökostrom kann eine gute Möglichkeit darstellen, die Ihnen dabei hilft, Ihre Wohnsituation etwas nachhaltiger zu gestalten.

Energieeffizientes Lüften gegen Schimmel

In einem Vier-Personen-Haushalt werden pro Tag durchschnittlich sechs bis zwölf Liter Wasser an die Luft abgegeben. Diese Feuchtigkeit muss rausgelüftet werden, damit sich kein Schimmel bildet. Das gilt für sanierte Häuser und für solche, die undichte Fenster haben. Eine Kombination aus dem richtigen Maß an Heizen und dem richtigen Lüften kann Schimmel verhindern. Dafür sollten Sie mehrfach am Tag stoßlüften. Drehen Sie zu diesen Zeitpunkten die Heizung herunter, damit die Energie nicht verschwendet wird. Idealerweise drehen Sie die Heizung bereits fünf Minuten vor dem Lüften ab. Lüften Sie im Winter für mindestens fünf Minuten und das zwei- bis viermal am Tag. Im Frühling und Herbst sollten es mindestens 10 bis 15 Minuten sein, im Sommer eine halbe Stunde. Stoßlüften ist effektiver als dauerndes Lüften auf Kippstellung. Außerdem erhalten Sie mit Querlüften den besten Luftaustausch im ganzen Haus (dabei werden Fenster und Türen von gegenüberliegenden Räumen zeitgleich geöffnet).

Altbausanierung DIY: Jetzt geht es los

Nach all der Theorie freuen Sie sich mit Sicherheit bereits auf die Praxis – jetzt geht es ans Eingemachte! Lernen Sie die wichtigsten Planungsschritte kennen und folgen Sie den Anweisungen in diesem DIY-Teil – Ihr Altbautraum ist zum Greifen nahe!

Auf in die Planung

Es wurde bereits mehrfach erwähnt, doch soll es an dieser Stelle noch einmal unterstrichen werden: Eine gute Planung ist das A und O Ihres Bauprojektes! Sie vermeiden beispielsweise damit reichlich Stress, Finanzengpässe sowie Chaos. Beginnen Sie am besten daher mit den folgenden Planungsschritten:

Was muss grundsätzlich saniert werden? - Bedarf einschätzen

Eine der wichtigsten Aufgaben – und gleichzeitig möglicherweise eine der schwierigsten – ist das Einschätzen des Sanierungsbedarfs. Während einige Sanierungsmaßnahmen notwendig und sehr offensichtlich sind (darunter schimmelige oder brüchige Wände), können andere ohne das geschulte Auge unerkannt bleiben (etwa Salzkristalle an Wänden, schlechte Dämmungen oder alte Elektroleitungen). Grundsätzlich empfiehlt sich daher in vielen Fällen die Einschätzung durch einen Profi.

Nehmen Sie die im Buch aufgeführte Liste mit der beispielhaften Übersicht über die Reihenfolge der Sanierarbeiten gerne zu Hilfe. Gehen Sie einfach jeden Schritt nacheinander durch und überlegen Sie, ob er notwendig ist. Ist Ihr Haus grundsätzlich so weit intakt, dass Sie sich den Abriss und Neubau sparen können, können Sie die ersten Schritte bereits überspringen. Wahrscheinlich werden Sie in dem Fall auch den Rohbau nicht groß verändern müssen. Denken Sie daran, dass eine fehlerhafte und mangelhafte Planung Ihnen schnell auf die Füße fallen kann. So werden Sie möglicherweise nicht nur mehr Stress und einen hohen Kostenaufwand haben, sondern auch deutlich später Nutzen aus Ihrem Gebäude ziehen können. Haben Sie beispielsweise vor, das Haus zu vermieten und daraus Einnahmen zu erzielen, ist die Einhaltung des festgesetzten Rahmens von höchster Priorität.

Allgemeine Rahmenbedingungen

Genau wie der Bau ist auch die Sanierung eines Hauses immer die Anfertigung eines individuellen Einzelstücks. Jeder Altbausanierer möchte das Beste und Persönlichste aus seinem Gebäude herausholen. Dies gelingt jedoch nur dann, wenn Vorstellungen und Ziele genau kommuniziert werden. Im ersten Schritt müssen Sie sich zunächst einmal selbst darüber im Klaren sein, welche konkreten Ziele Sie überhaupt verfolgen möchten. Im zweiten Schritt müssen Sie diese Ziele dann deutlich niederschreiben und kommunizieren. Dabei ist es völlig egal, ob Sie die Ziele mit Ihren fleißigen freiwilligen Helfern teilen oder einen Fachmann mit ins Boot holen. Ein zufriedenstellendes Ergebnis werden Sie nur dann erhalten, wenn Sie Ihre Ziele genau definiert und mit allen beteiligten Personen gründlich abgesprochen haben. Jeder muss also stets informiert und auf dem neuesten Stand sein. Unzureichende Kommunikation führt meist auch zu unbefriedigenden Ergebnissen. Denken Sie daran: Niemand kann in Ihren Kopf hineinschauen. Die Traumvorstellung Ihres Altbaus existiert vielleicht in Ihren Gedanken sehr detailliert, wenn Sie dies jedoch nicht genauso detailliert mitteilen, werden Ihre Helfer und beauftragten Arbeiter nicht in der Lage sein, diese Idee auch umzusetzen.

Heutzutage gibt es eine Vielzahl von Möglichkeiten und Varianten, mit denen Sie eine Haussanierung angehen können. Das erhöht zwar einerseits den Gestaltungsspielraum, stellt Sie aber auch vor die Qual der Wahl. Genau deshalb lohnt es sich, frühzeitig anzufangen. Machen Sie sich ausreichend lange Gedanken darüber, wie Ihr Altbau am Ende aussehen soll. Vergleichen Sie Angebote und Optionen und überlegen Sie sich genau, welche Varianten (z. B. in Bezug auf die Einrichtung) Ihren Geschmack am besten treffen.

Klären Sie zu Beginn also unbedingt sorgsam die Rahmenbedingungen ab. Dafür stellen Sie sich die folgenden Fragen:

1. Wie darf und soll das Gebäude in Zukunft genutzt werden?
2. Welche Grenzen werden durch die vorhandene Bausubstanz gesetzt?
3. Welche Grenzen werden durch Denkmalschutzauflagen gesetzt?
4. Welche Grenzen werden durch den Bebauungsplan festgelegt?
5. Wie groß ist das Budget für die Sanierung?

Haben Sie diese Fragen ausreichend zufriedenstellend beantwortet, sollten Sie sich Gedanken über Ihre Ziele machen.

Ziele definieren

Vor Beginn sollten Sie sich auf jeden Fall über Ihre Ziele im Klaren sein. Wie soll Ihr Gebäude später aussehen? Auf welche Details legen Sie Wert? Was muss saniert werden, damit Sie es später möglichst wohnlich und angenehm haben?

Das Definieren von Zielen ist einer der wichtigsten Schritte der Planung. Dadurch erhalten Sie ein klares Bild von Ihrem Vorhaben und können weitere Planungsdetails, wie Kosten, Zeit, Hilfe und Vorgehensweise, viel besser einschätzen. Außerdem helfen Ihnen Ihre Ziele auch dabei, sich nicht vom Wesentlichen ablenken zu lassen.

Überlegen Sie sich die folgenden Punkte:

1. Welches Erscheinungsbild wünschen Sie sich für Ihr Gebäude?
2. Möchten Sie die Grundrissgestaltung des Hauses bearbeiten?
3. Welchen Ausstattungsstandard möchten Sie durchführen?

Zu all diesen Fragen zählt auch die Qualität der Bau- und Einrichtungsmaterialien. Wie bereits erwähnt wurde, lohnt es sich, auf Qualität zu setzen, um Stress und hohe Kosten in der Zukunft zu vermeiden. Wer günstig kauft, kauft sprichwörtlich in der Regel zweimal. Dies gilt insbesondere dann, wenn die Bauteile, die Sie bearbeiten, mit den Witterungsverhältnissen von draußen konfrontiert werden. Vor allem die Außenfassade, die Fenster und die Türen müssen daher stabil sein und aus hochwertigen Materialien bestehen.

Erstellen Sie auch frühzeitig ein passendes Energiekonzept. Energetische Sanierungen sind wünschenswert und in einigen Fällen sogar vorgeschrieben. Durch diese können Sie z. B. auf lange Sicht hin Kosten sparen und für ein exzellentes Raumklima sorgen. Die Informationen über die grundsätzlichen Rahmenbedingungen eines Bauvorhabens erhalten Sie bei Ämtern und Behörden.

Rechtliche Rahmenbedingungen klären

Denken Sie immer daran, dass der Denkmalschutz Ihnen einige Vorschriften machen kann, an die Sie möglicherweise noch nicht einmal gedacht haben. Informieren Sie sich bei den Behörden daher umfassend über Ihre Möglichkeiten und Pflichten. Lesen Sie außerdem die vorherigen Hinweise zur rechtlichen Lage ausführlich und vergessen Sie nicht, bestimmte Maßnahmen anzuzeigen (etwa einen Abriss). Warten Sie stets auf Ihre Genehmigungen. Lässt sich die Baubehörde mit Ihrer Antwort ungewöhnlich lange Zeit, dürfen Sie gerne nachfragen. Im Notfall können Sie sogar auf Handlung der Behörde klagen. In jedem Fall ist dies für Sie sehr wahrscheinlich günstiger, als ohne Genehmigung mit dem Vorhaben zu beginnen.

Neben den Richtlinien zum Denkmalschutz sollten Sie unbedingt daran denken, dort einen Fachmann heranzuziehen, wo es rechtlich vorgeschrieben ist. Dies gilt insbesondere für die Installation der Elektronik.

Zu den wichtigsten rechtlichen Rahmenbedingungen zählt letztlich auch die Einhaltung von Ruhezeiten bei den Bauarbeiten. In vielen Bundesländern ist Nachtruhe ab 22 Uhr am Abend vorgeschrieben. Außerdem gilt Sonntagsruhe an Sonn- und Feiertagen. Die genauen Regelungen lesen Sie am besten in Ihrem Bundesland nach. Sie erhalten Auskunft darüber bei den Ämtern. Halten Sie die Ruhezeiten nicht ein und sorgen dennoch für lauten Baulärm, kann dies zu viel Ärger mit den Nachbarn und hohen Bußgeldern führen.

Eigenanteil an der Altbausanierung festlegen

Machen Sie sich am besten frühzeitig darüber Gedanken, ob Sie auch selber aktiv an der Renovierung des Altbaus mitwirken möchten. Welche handwerklichen Leistungen trauen Sie sich zu? Welche handwerklichen Leistungen trauen Sie Freunden und Bekannten zu, die Ihnen ihre Hilfe anbieten würden? Möglicherweise kennen Sie sogar den einen oder anderen, der schon einen Altbau saniert hat. Vielleicht haben Sie auch ein Hobbybastler bei sich im Freundeskreis, der Ihnen bei der Einrichtung und bei kleineren Sanierungsarbeiten zur Hand gehen kann. Oder kennen Sie gar einen Elektriker persönlich? Gehen Sie ruhig Ihren Freundes- und Bekanntenkreis ausführlich durch und überlegen Sie sich dann, bei wem Sie Hilfe erfragen könnten. In vielen Fällen lohnt es sich, Kontakte zu nutzen. So oder so: Legen Sie im Vorfeld fest, wie viel Eigenarbeit Sie leisten können und möchten. Entsprechend verändert sich möglicherweise auch der zeitliche Rahmen. Organisieren Sie für die meisten Arbeiten fachmännisches Personal, wird Ihnen der Handwerker einen Zeitraum vorgeben. Innerhalb dieses Zeitrahmens dürfen Sie dann mit der Fertigstellung der Sanierungsmaßnahmen rechnen. Nehmen Sie hingegen viele Projekte alleine in die Hand, wird der Zeitrahmen nur durch Ihre eigenen Möglichkeiten begrenzt. Das erlaubt Ihnen einerseits reichlich Flexibilität, erschwert aber andererseits auch die Prozesse. Schließlich müssen Sie sich nun selbst um die Organisation kümmern und sicherstellen, dass die

Maßnahmen in dem von Ihnen gewünschten Zeitraum auch vollständig durchgeführt werden können. Mit ausreichend Disziplin und Motivation kann Ihnen dieses Vorhaben jedoch locker gelingen! Legen Sie selbst Hand an, kann Ihnen einiges an Kosten erspart werden.

Da Sie in der Regel jedoch trotzdem für einige Bereiche fachmännisches Personal benötigen, sollten Sie frühzeitig Handwerkervergleiche vornehmen. Melden Sie sich bei dem Fachpersonal, welches Sie benötigen, und vergleichen Sie Angebote. Vereinbaren Sie außerdem frühzeitig Termine zur Besichtigung. In den meisten Fällen muss ein Handwerker zur Besichtigung vorbeikommen, um den Bedarf und die Kosten einschätzen zu können. Viele Handwerker bieten solche Besichtigungstermine kostenlos an. Fragen Sie auf jeden Fall bei der Vereinbarung nach einem Preis. Denken Sie daran, dass Handwerker gerade in Zeiten, in denen viel Bedarf besteht, gut ausgebucht sein können. Vereinbaren Sie Termine daher relativ weit im Voraus. So vermeiden Sie, dass Sie in Zeitnot geraten – und das nur, weil die von Ihnen ausgewählten Handwerker bereits wochenlang ausgebucht sind. Klären Sie idealerweise direkt ab, welche Arbeiten Sie von dem jeweiligen Fachmann erledigen lassen möchten. So vermeiden Sie unangenehme Überraschungen und können unter Umständen einen Festpreis vereinbaren. Einige Handwerker rechnen für später hinzugefügte Sanierungsmaßnahmen ziemlich hohe Zusatzkosten ab. Daher lohnt es sich meistens, von Anfang an alle Details festzulegen und konkrete Forderungen zu stellen.

Umsetzung

Im nächsten Schritt geht es um die Umsetzung. Hierfür muss ein möglichst korrekter Plan schon größtenteils stehen. Zwar kann es immer wieder vorkommen, dass sich Details und Kleinigkeiten verändern, jedoch sollten die groben Planungsschritte festgelegt sein. Auch die Finanzierung sollte vor der Umsetzung unbedingt geklärt sein. Das bedeutet, nicht nur zu wissen, wie viel die Sanierungsarbeiten kosten werden, sondern auch, wie Sie Ihr Vorhaben finanzieren wollen. Mehr zur Finanzierung erfahren Sie jedoch in einem späteren Abschnitt. Dort erwartet Sie ein umfassender Finanzguide, welcher zahlreiche Tipps beinhaltet. Die wichtigsten ersten Schritte der Umsetzung sind die Schadensbeseitigung und die Abrissarbeiten. Hierbei sollten Sie besonders sorgfältig vorgehen. Sorgen Sie außerdem dafür, dass Sie für diese Bereiche ausreichend Zeit geplant haben. Die Schadensbeseitigung kann sich aufgrund des Hinzuziehens eines Fachmannes und der Laborproben in die Länge ziehen. Abrissarbeiten sind von den Genehmigungen der Baubehörde abhängig. Das bedeutet, dass Sie auch hier mit langen Wartezeiten rechnen sollten. Zwar kann es im Einzelfall viel schneller gehen als erwartet, dennoch ist es gut, einen ordentlichen Zeitpuffer einzuplanen.

Reichlich Tipps und Schritt-für-Schritt-Anleitungen haben Sie bereits in einem vorangegangenen Kapitel kennenlernen dürfen. Jetzt geht es daran, das Gelernte konkret in die Tat umzusetzen. Beachten Sie bei Ihrem Projekt stets die Sicherheitsvorkehrungen, damit Sie kein Verletzungsrisiko eingehen. Haben Sie sich ein wenig informiert und einen guten Zeitpuffer eingeplant, können Sie auch schon loslegen.

Ein letzter Tipp an dieser Stelle: Arbeiten Sie nie alleine. Auch dann, wenn Sie davon ausgehen, dass Sie einen Arbeitsschritt theoretisch alleine erledigen könnten, sollten Sie mindestens eine weitere Person hinzuholen. Einerseits kann diese Person Ihnen helfen, falls Sie unerwartet doch ein paar zusätzliche Hände benötigen, andererseits stellen Sie damit aber auch zusätzlich sicher, dass jemand vor Ort ist, falls Ihnen doch etwas zustoßen sollte. Da ein gewisses Verletzungsrisiko bei Sanierungsarbeiten immer mitschwingt, sollten Sie dies nicht auf die leichte Schulter nehmen. Sicherlich finden Sie jemanden in der Familie oder im Freundeskreis, der Ihnen zur Seite steht. Außerdem macht die Arbeit zu zweit gleich doppelt so viel Spaß!

Gestaltung

Haben Sie alle notwendigen Sanierungsmaßnahmen vollzogen, geht es an die Gestaltung. Zur Gestaltung gehört beispielsweise der Anstrich der Außenfassade, aber auch der komplette Innenausbau. Hier dürfen Sie sich gerne im Rahmen der rechtlichen Richtlinien austoben. Nutzen Sie den verspielten Charme des Altbaus und lassen Sie Stuck, Holzdielen und andere Feinheiten in einem besonderen Glanz erscheinen. Zahlreiche Designs und Einrichtungstipps erhalten Sie im nächsten Kapitel.

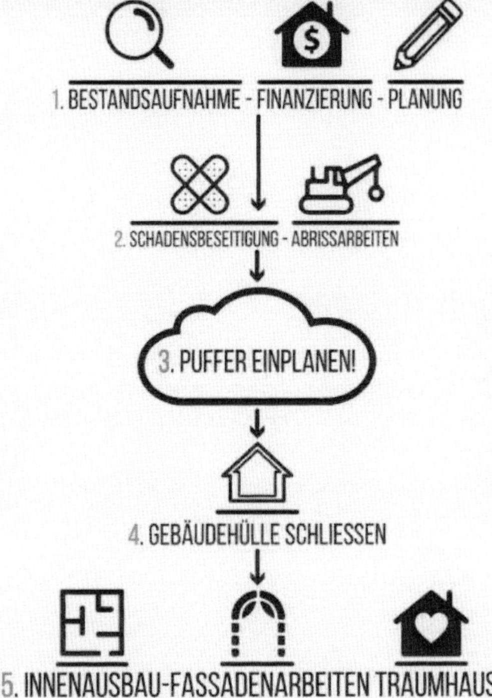

Zeitliche Reihenfolge der Sanierarbeiten

Damit die Sanierarbeiten gelingen, sollten Sie eine zeitliche Reihenfolge beachten. Hier ein paar Tipps für Ihren Zeitplan:

- Beginnen Sie stets mit einer umfassenden Bestandsaufnahme. Dadurch können Sie den Zeitrahmen, den Sie benötigen, besser einschätzen. Aus der Bestandsaufnahme sollte sich ergeben, was in Ihrem Haus erhalten werden kann und was rausgerissen werden muss. Nach der Bestandsaufnahme sollten Sie ein sehr gutes Bild davon haben, wie umfangreich die Sanierungsmaßnahmen sein werden.
- Klären Sie anschließend direkt alle Finanzierungsfragen ab. Überlegen Sie sich, wie viel Geld die Sanierung ungefähr kosten wird. Überlegen Sie sich, wo Sie finanzielle Unterstützung herbekommen und wie viel Ihnen bereits zur Verfügung steht. Erst wenn die Finanzierung (mit Puffer) vollständig geklärt ist, sollten Sie zur eigentlichen Planung übergehen.

- Planen Sie jetzt Ihre Sanierung. Gehen Sie dabei Schritt für Schritt vor. Überlegen Sie sich genau, was abgerissen werden muss. Welche Bauteile sind zu beseitigen und wo können Sie was erhalten? Planen Sie einen großzügigen Zeitrahmen ein. Je mehr Details bereits bei der Planung klar sind, desto übersichtlicher wird die Arbeit in der Praxis.
- Sind Sie mit der Planung fertig und haben dabei auch einen Puffer einberechnet? Dann sollten Sie jetzt mit den eigentlichen Arbeiten beginnen. In welcher Reihenfolge Sie die einzelnen Schritte durchgehen können, haben Sie bereits in einem anderen Kapitel gelernt. Natürlich können Sie im Einzelfall von diesem Muster abweichen. Besprechen Sie sehr gerne auch mit einem Fachmann die nötige Vorgehensweise für die jeweiligen Schritte. Möchten Sie einen Schritt beispielsweise zeitlich vorziehen, fragen Sie also einfach den Fachmann. Dieser teilt Ihnen mit, ob sich das überhaupt lohnt oder welche Probleme es potenziell geben könnte.
- Versuchen Sie, sich während der Arbeit möglichst an Ihren Zeitplan zu halten. Einerseits bedeutet dies, dass Sie die Maßnahmen nach Möglichkeit innerhalb des dafür vorgesehenen Zeitrahmens erledigen. Andererseits sollten Sie sich auch reichlich Ruhepausen gönnen, wann immer Ihr Zeitplan dies vorsieht bzw. Sie besser in der Zeit liegen als gedacht. Schließlich sind Ruhetage und Pausen für Ihre Gesundheit ebenfalls wichtig.
- Sind diese Sanierungsmaßnahmen durchgeführt, können Sie sich für den Einzug bereit machen. Jetzt geht es bestenfalls nur noch um Schönheitsreparaturen im Innenbereich und um die Einrichtung. Schon ist Ihr Traumhaus einzugsbereit.

Design

Altbauten sind nicht zuletzt aufgrund ihres charmanten Designs so beliebt. Damit Sie nicht völlig inspirationslos an das Projekt herangehen müssen, haben wir in diesem Kapitel einige Design-Tipps und Ideen für Sie zusammengestellt. Für jeden Geschmack ist sicherlich etwas dabei. Ganz egal, ob modern oder eher rustikal – bei der individuellen Einrichtung Ihres Altbaus können Sie Ihrer Fantasie gerne freien Lauf lassen.

Ursprüngliches erhalten

Da Sie sicherlich auch an dem besonderen historischen Charme des Altbaus hängen, sollten Sie den Fokus darauf legen, Ursprüngliches zu erhalten. Altbauten haben ein besonderes Potenzial und das sollten Sie gerne voll und ganz auskosten. Damit sind vor allem die folgenden Aspekte gemeint:

- Nutzen Sie das Raumpotenzial, die Weitläufigkeit und die hohen Decken.
- Nutzen Sie das Potenzial der natürlichen und historischen Baumaterialien.
- Ergänzen Sie passende Töne und Materialien.
- Setzen Sie auf DIY und werden Sie kreativ.

Einer der schönsten Aspekte einer Altbauwohnung ist das großzügige Raumpotenzial. Altbauräume sind häufig weitläufig geschnitten und mit hohen, stuckverzierten Decken ausgestattet. Diese Details machen Altbauwohnungen zu etwas ganz Besonderem. Wenn Sie die Möglichkeit haben, sollten Sie darauf achten, diese Dinge bei den Sanierungsprozessen stets zu erhalten. Nutzen Sie die Weitläufigkeit der Räume und füllen Sie diese beispielsweise mit großen Möbelstücken (vielleicht sogar Antiquitäten oder im Vintage-Stil), prächtigen Pflanzen und zahlreichen liebevollen Details, welche sich beispielsweise in der Dekoration widerspiegeln können.

Die hohen Decken eignen sich gut für schwingende Lampen (z. B. alte Kronleuchter, denen Sie einen neuen DIY-Anstrich verpassen könnten), hohe Bücherregale und reichlich Wanddekoration. Holen Sie das Beste aus den baulichen Besonderheiten heraus – genau das macht eine Altbauwohnung so einzigartig.

Historische und natürliche Baustoffe haben den Vorteil, dass sie einen besonders heimeligen Flair erzeugen können. Holzdielen und altmodisch geschnittene Fenster sorgen dafür, dass Ihr Heim einen Charme der Vergangenheit mit sich trägt. Genießen Sie dies und pflegen Sie vor allem hölzerne Bestandteile gut, damit sie lange erhalten bleiben. Holen Sie das meiste aus diesen Besonderheiten heraus, indem Sie die Bestandteile mit ähnlichen Materialien ergänzen. So machen sich grüne Pflanzen auf hölzernen Fußböden und Fensterbänken besonders gut.

Nutzen Sie außerdem die Möglichkeit, mit herausgerissenen Materialien andere DIY-Projekte zu beginnen. Viele Hobby-Handwerker nutzen beispielsweise herausgerissene Dielen, um damit Möbel oder Dekorationsgegenstände herzustellen. So verleihen Sie nicht nur Ihren Einrichtungsgegenständen einen persönlichen Touch, sondern geben auch den Dielen ein zweites Leben. Das schont die Umwelt und kann Ihnen außerdem teure Entsorgungs- und Anschaffungskosten für Möbel sparen.
Der Einsatz lohnt sich. Ein weiteres Plus: Falls Sie doch wieder aus Ihrem Altbau ausziehen sollten oder falls andere Familienmitglieder dies vorhaben (etwa Kinder), besteht immer die Möglichkeit, ein Stück des lieb gewonnenen Heims mitzunehmen: In Form eines Tisches, Stuhls oder einer Schnitzfigur. Ein echtes Stück Geschichte – Ihrer eigenen Geschichte!

Moderne Kontraste

Zwischen all den historischen Bauteilen machen sich ein paar moderne Kontraste sehr gut. Wenn Sie neben dem Altbewährten ein paar moderne Highlights setzen möchten, sind gezielte Kontraste an den richtigen Stellen die richtige Wahl. Sie können derartige Kontraste bereits beim Bauen einbauen, indem Sie beispielsweise auf metallene Fensterrahmen setzen. Sanfter sehen sie jedoch als Teil von Einrichtungsgegenständen aus. Der moderne Look übertrumpft damit nicht den historischen Charme des Altbaus.

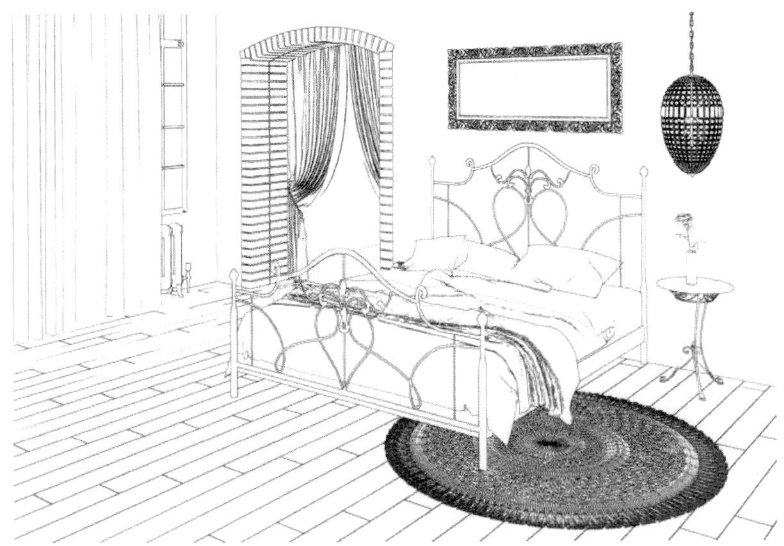

Kontraste durch Baumaterialien

Eine beliebte Möglichkeit, Kontraste zu setzen, ist jene durch verschiedene Materialien. Zwischen Holzdielen und hölzernen Möbelstücken machen sich beispielsweise ein paar metallene Einrichtungsgegenstände sehr gut. Wie wäre es zum Beispiel mit einer Lampe aus Edelstahl? Generell kann eine Mischung aus eleganten Metallen und hölzernen Einrichtungsgegenständen besonders edel aussehen. Nutzen Sie dafür am besten dunkle Metalle, um den historischen Flair des Altbaus beizubehalten. Lampen aus einem dunkelgrauen Stahl, Dekorationsgegenstände aus Kupfer, Kerzenhalter und kleine Laternen aus schwarzem Metall machen sich besonders gut. Spiegel mit dunkelgoldenen Rändern sind ebenfalls ein echter Hingucker. Metalle in dunklen und warmen Tönen unterstützen den Look des hölzernen Altbaus. Während hellgraue und silberne Metalle schnell kalt wirken können, sorgen diese dunkleren Töne für eine wärmere Atmosphäre. Gleichzeitig bildet der Kontrast zwischen dem industriellen Charme der Metalle und dem naturnahen Flair des Altbaus ein besonderes Konzept.

Für diejenigen, die besonders viel Wert auf klassisches Design mit modernem Flair legen, würde sich beispielsweise der sogenannte Bauhaus-Stil anbieten. Dieser ist im frühen 20. Jahrhundert in Dessau entstanden und gilt als Wegbereiter der Moderne. Der Bauhaus-Stil zeichnet sich durch moderne Formen sowie durch die Kombination von natürlichem (z. B. Leder) und eher modernem Material (z. B. Metall) aus. Für die Vertreter des Bauhaus-Stils gab es keinen Unterschied zwischen Künstlern und Handwerkern – vielmehr waren sie der Überzeugung, dass beide Sphären eine kooperative Beziehung eingehen müssen, da sie durchweg voneinander abhängig sind. Dabei stand auch stets die Funktionalität ganz nach dem Motto *form follows function* (die Form folgt der Funktion) im Vordergrund. Die Form wird also nicht unnötig verkompliziert, sondern orientiert sich an der Funktion des Gegenstandes. Möbel im Bauhaus-Stil finden sich auch heute noch in Altbauten wieder und haben nicht an Popularität verloren. Lassen Sie sich gerne dadurch inspirieren und setzen Sie moderne Akzente!

Kontraste durch Farben

Alternativ zu Kontrasten durch Materialien können Sie auf Farbkontraste setzen. Da Sie in einem Altbau sehr wahrscheinlich besonders natürliche und gedeckte Farben finden werden, bilden fröhliche Knallfarben einen angenehmen und interessanten Kontrast. Setzen Sie auf Farben wie Rot, Gelb, Hellgrün oder sogar Pink. Mit diesen Farben bringen Sie sofort Licht und gute Laune in Ihr Heim. Mehr zu den Farben und ihre Wirkung lesen Sie in einem folgenden Abschnitt. An dieser Stelle soll der Fokus rein auf Kontraste gelegt werden. Farbkontraste machen sich nicht nur zwischen den natürlichen Farben der Bau-Bestandteile und den künstlichen Knallfarben gut. Sie können auch auf Kontraste zwischen hellen und dunklen Farben setzen.

Das funktioniert beispielsweise durch den oben erwähnten Kontrast zwischen Metallen und Holz. Aber auch ein Kontrast zwischen bunten Einrichtungsfarben oder sogar ein Schwarz-Weiß-Kontrast kann sich in einem Altbau sehr gut machen. Haben Sie beispielsweise sehr hohe weiße, mit kunstvollem Stuck verzierte Wände? Dann nutzen Sie beispielsweise den Schwarz-Weiß-Kontrast aus und setzen Sie somit ein paar elegante Akzente. Bei diesen Elementen kann es sich um Kleinigkeiten, wie beispielsweise Buchstützen, handeln oder aber auch um größere Elemente, wie z. B. ein schwarzer Sessel. Vor allem wirkt (Kunst-) Leder sehr edel. Erlaubt ist aber selbstverständlich alles, was Ihnen persönlich gefällt. Denken Sie aber daran, dass ein reiner Schwarz-Weiß-Kontrast auch etwas kühl wirken kann. Setzen Sie ihn daher am besten sparsam ein. Nutzen Sie den eleganten Schwarz-Weiß-Kontrast beispielsweise in Ihrem Arbeitszimmer oder runden Sie diesen mit bewusst gewählten Farbakzenten ab.

Glaselemente

Glaselemente können Ihrer Wohnung einen eleganten Touch verleihen, denn Glas wirkt edel und hell. Die einfachste Art, Glaselemente in Ihren Altbau einzubauen, ist durch große und helle Fenster (z. B. sogenannte französische Fenster, die vom Boden bis zur Decke reichen). Doch Glas kann auch an Möbelstücken eindrücklich wirken. Zum Beispiel verleihen Sofatische aus Glas Ihrem Wohnzimmer einen modernen, schlichten und eleganten Look. Oder wie wäre es mit einer Kombination aus Glas und Holz? Wenn Sie durch moderne Einrichtungsideen stöbern, werden Ihnen sicherlich zahlreiche Tische sowohl mit Glas- als auch mit Holzelementen auffallen. Auch große Spiegel machen sich sehr gut in geräumigen Altbauwohnungen. Dank der hohen Decken und weitläufigen Räume haben Sie Platz für große Ganzkörperspiegel oder z. B. runde Spiegel im Eingangsbereich. Eine gute Ausleuchtung der Spiegel kann dabei auch einen tollen und edlen Effekt kreieren!

Glas steht in vielen Punkten als Kontrast zu Holz. Es ist deutlich kühler und die glatte Oberfläche bildet einen angenehmen Kontrast zu der sonst rauen und natürlichen Oberfläche der Holzelemente. Während Glas von Modernität zeugt, versprüht Holz einen urtümlichen Charme. Holz vermittelt Robustheit, Stabilität und Langlebigkeit, während Glas zart und zerbrechlich wirken kann. All diese Kontraste sorgen dafür, dass Glaselemente Holz in einem Altbau wunderbar ergänzen, aber auch hier gilt: Genau wie mit kühlen Farben kann auch das kalte Glas eine eher kühlere Atmosphäre versprühen.

Daher sind Glaselemente sparsam einzusetzen, wenn Sie den warmen und gemütlichen Charme des Altbaus beibehalten möchten. Sind Sie bei großen Elementen eher zögerlich, können Sie Glas durch kleinere Gegenstände in den Altbau integrieren. Wie wäre es zum Beispiel mit zarten Blumenvasen? Auch kleine Glasfiguren auf Bücherregalen, Couchtischen und anderen

Elementen können der Wohnung einen subtilen eleganten Touch verleihen. Alternativ können Sie sich gezielt nach getöntem Glas umsehen. Getönte Fensterscheiben oder getönte Vasen und kleine Glasfiguren versprühen eine wärmere Atmosphäre als das kalte, ungetönte Glas. Mattes Glas und sogenanntes Sichtschutzglas können den Altbau auch etwas moderner wirken lassen und bieten gleichzeitig Privatsphäre. So können Sie zum Beispiel ein kleines Tür-Fenster aus mattem oder undurchsichtigem Glas in Ihre Badezimmertür einbauen. Somit wirkt die Tür modern, bietet aber gleichzeitig auch Schutz vor ungewünschten Blicken.

Denken Sie daran, dass großflächigen Glaselementen möglicherweise Denkmalschutzrichtlinien und Energiesparmaßnahmen entgegenstehen können. Haben Sie vor, große Fenster oder Wände mit Glas zu versehen, kann Ihnen die Behörde unter Umständen einen Strich durch die Rechnung machen. In dem Fall können Sie Glas immer noch bestens in die Inneneinrichtung einbauen.

NATURELEMENTE

Der Einsatz von Naturelementen ist vor allem in Altbauten äußerst populär. In den meisten Altbauten kommen sie ohnehin ganz von alleine vor. Die Dielen sind aus Holz, die Fassadenfarben basieren auf natürlichen Rohstoffen und auch sonst wurde damals viel mit Naturstoffen wie Lehm oder Marmor gearbeitet. Klar, dass auch Naturelemente sich dann auch gerne in der Einrichtung widerspiegeln dürfen. Wenn Sie die Holzdielen und andere Besonderheiten, die einen Altbau typisch machen, einfließen lassen möchten, können Sie natürlich ganz einfach auf Holzgegenstände zurückgreifen. Hölzerne Tische, z. B. in Küche und Wohnzimmer, machen Ihre Räume besonders gemütlich. Außerdem sind diese Materialien, wie bereits erwähnt, besonders robust und langlebig, solange sie durch eine ordentliche Pflege lange verwendbar sind. Auch für die Umwelt sind Naturelemente von Vorteil. Sie sind in vielen Fällen direkt wiederverwertbar oder recycelbar.

DIY-Projekte lassen sich mit Naturmaterialien besonders einfach umsetzen. Schließlich sind viele dieser Materialien leicht zu verarbeiten und im besten Fall sogar schadstofffrei. Das bedeutet, dass auch der ungeübte Handwerker sich an einigen eigenständigen Projekten ausprobieren kann. Schmeißen Sie also Ihre alten Möbelstücke nicht sofort weg, sondern schöpfen Sie das Potenzial dieser wertvollen Materialien voll aus. Selbst wenn Naturelemente völlig vernichtet werden müssen, entstehen dabei weniger Giftstoffe als bei der Vernichtung von künstlich hergestellten Rohstoffen. Zudem handelt es sich bei Naturelementen um nachwachsende Rohstoffe, was bedeutet, dass weniger Ressourcen verschwendet werden. Neben den klassischen Holzmöbeln sind andere Naturelemente, wie zum Beispiel Kork, Kautschuk oder Ton, auch äußerst populär. Richten Sie Ihre Küche doch mit gemütlichen Tonwaren ein. Vor allem handgemachte Gegenstände (z. B. Vasen von Kunsthandwerkern) verleihen dem Raum einen einzigartigen Charme. Porzellan und Tonwaren können Sie mittlerweile in jedem gut geführten Haushaltsgeschäft finden. Auch auf Flohmärkten und Wochenmärkten werden diese Materialien und Einrichtungsgegenstände immer beliebter. Sicherlich finden Sie auch in Ihrer Nähe einen Markt, bei dem Sie einen tollen Pottery-Stand finden können. Oder werden Sie auch hier wieder selbst kreativ: Besuchen Sie einfach einen Töpferkurs und stellen Sie Ihre eigenen Küchenutensilien her.

Tonwaren sind in der Küche sicherlich der Klassiker, wirken aber auch in vielen anderen Räumen gut. So können Sie zum Beispiel das Bücherregal damit schmücken, kleine Dekorationsobjekte für das Wohn- und Schlafzimmer herstellen oder aber auch ein Tür- oder Briefkastenschild für den Außenbereich anfertigen. Auch Kork ist in den letzten Jahren als Material immer beliebter geworden. So finden Sie mittlerweile kleine Einrichtungsgegenstände, Küchenutensilien, aber auch Accessoires aus diesem Naturmaterial. Schauen Sie sich einfach um. Tipp: Besonders erfolgreich sind Sie meistens in kleinen Handwerksläden, Kunstgeschäften, im Handwerksbedarf oder aber auch auf Flohmärkten. Hier finden Sie individuell hergestellte Stücke, die einen natürlichen und persönlichen Charme versprühen, ganz passend zu Ihrem Altbau.

Auch abseits von z. B. Küchenutensilien und Möbeln sind Naturmaterialien ein beliebter Klassiker. Glas unterstützt den natürlichen Charme einer Altbauwohnung ebenfalls. Daneben handelt es sich bei Bast-, Leinen-, Sandstein- und Wollprodukten ebenfalls um Naturmaterialien, die eine gemütliche Ausstattung unterstützen können. Setzen Sie auf kuschelige Wolltextilien in naturnahen Farben. Flechtkörbe sind praktische und ästhetische Helfer in zahlreichen Räumen. Oder wie wäre es mit Erd- und Sandfarben an den Wänden, um den Natur-Look zu untermalen? Natürliche Elemente sorgen für ein heimeliges Zuhause-Gefühl, können aber auch – je nach Beschaffenheit und

Nutzung – Fernweh und Urlaubsgefühle erzeugen. Warme Sandtöne und Keramik können den Traum von Wüstenländern real werden lassen. Hölzer und Pflanzen, die eher nicht in unseren Breitengraden vorkommen, sowie die Verwendung warmer Farben sorgen für ein angenehmes Gefühl von Fernweh nach tropischen Ländern. Muschel- und Steindekorationen unterstützen diesen Eindruck auch.

Getrocknete Blumen und Blätter können die Natur vor der Haustür auch in die Innenräume bringen. Zweige sind ebenfalls wunderbare Dekorationsobjekte, die besonders im Winter gut aussehen und geschmückt werden können. Hängen Sie weihnachtliche Ornamente auf oder bringen Sie Tannengrün in die Räume. Richten Sie Ihr Zuhause ganz nach Ihrem Geschmack ein und bringen Sie den warmen Flair Ihrer liebsten Reiseziele oder die bunten Farben, die Sie vor der Haustür sehen, ins Innere Ihres eigenen Heims.

Farben

Die passenden Farben spielen für eine gemütliche Einrichtung eine erhebliche Rolle. Daher sollten Sie Ihre Farbkombination von Anfang an gut durchdenken. Stellen Sie sich dabei gerne die folgenden Fragen:

1. Welche Farben mögen Sie besonders gerne?
2. Bevorzugen Sie Kontraste oder Farbharmonien?
3. Welche Stimmung möchten Sie mit den Farben in den jeweiligen Räumen erzeugen?
4. Welche Farben passen zu Ihren Einrichtungsgegenständen?
5. Wie aufwendig wird ein Neuanstrich an den Wänden?

In erster Linie spielt natürlich Ihr Geschmack eine Rolle: Welche Farben mögen Sie gerne? Welche Farben möchten Sie an den Wänden haben? Welche Farben verleihen Ihnen gute Laune, sobald Sie sie sehen? An diesen Farbtönen dürfen Sie sich gerne hauptsächlich orientieren. Werfen Sie auch einen Blick in die bereits existierenden Farben: Welche Farben finden Sie in Ihrem Altbau wieder? Welche Farben finden Sie an Einrichtungsgegenständen wieder, die Sie definitiv beibehalten möchten?

Überlegen Sie sich im Anschluss auch, ob Sie Farbharmonien oder Kontraste bevorzugen. Farbharmonien, fließende Übergänge, passende Töne oder sogar Ton-in-Ton kann eine friedliche und ruhige Stimmung erzeugen. Kontraste hingegen wirken mental stimulierend. Leichte Kontraste hier und da können das Bild einer gesamten Wohnung jedoch sehr aufwerten. Wenn Sie leichte mentale Stimulation mögen und keine Lust auf Eintönigkeit haben, können Sie hier und da auch ruhig auf Kontraste setzen. Wie groß- und weitflächig diese Kontraste sein sollen, hängt ganz von Ihrem persönlichen Geschmack ab. Einige Menschen bevorzugen kleine Kontraste hier und da, beispielsweise in der Kücheneinrichtung, mit bunten Blumen in sonst sehr schlicht eingerichteten Räumen – oder vielleicht auch an einer bunten Wand in einem sonst sehr neutral gefärbten Zimmer.

Andere mögen lieber großflächige Kontraste. So können Sie zum Beispiel einen Kontrast zwischen Wand und Einrichtungsgegenständen herstellen, indem Sie alle Wände in der gleichen Farbe streichen und Einrichtungsgegenstände in einer kontrastierenden Farbe hinzufügen. Denken Sie jedoch daran, dass Sie Einrichtung und Wandfarbe wahrscheinlich eine ganze Weile beibehalten möchten, bevor Sie sich die Mühe machen, alles zu verändern. Sie sollten also keine Kontraste wählen, wenn Sie sich nicht sicher sind, ob Sie sich nach einer Weile daran sattsehen werden. Grundsätzlich ist es immer leichter, mit kleinen Veränderungen anzufangen und zu großen Veränderungen überzugehen. Wenn Sie sich nicht sicher sind, welche Farbkontraste oder Harmonien Sie bevorzugen, können Sie mit Kleinigkeiten anfangen und im Laufe der Zeit farblich expandieren.

Es mag banal klingen, aber auch die Frage, wie einfach oder schwierig ein neuer Anstrich an den Wänden sein wird, kann Ihre Wahl beeinflussen. Sind die Räume besonders kompliziert zu streichen, möchten Sie sehr wahrscheinlich einen weiteren Neuanstrich in Zukunft vermeiden. Entscheiden Sie sich in solchen Räumen für eine besonders stimulierende Farbe, könnten Sie die Entscheidung in Zukunft doppelt bereuen, weil der nächste Neuanstrich einen erheblichen Aufwand mit sich bringt. Probieren Sie es lieber in einem Raum aus, der leicht zu überstreichen ist. So können Sie sicherstellen, ob Sie die Farbe tatsächlich auf lange Sicht hin beibehalten wollen. All diese Tipps sind natürlich an Ihre Individualsituation anpassbar. Viele Menschen lieben Kontraste und kennen sich gut genug, um zu wissen, dass sie sich auch in einigen Jahren nicht daran sattsehen werden. Ist dies bei Ihnen der Fall? Dann toben Sie sich farblich gerne aus!

Ein weiterer Tipp: Bestimmte Farben erzeugen bestimmte Stimmungen – das ist sogar wissenschaftlich bewiesen! So lässt sich bei Farben wie Blau und anderen dunkleren Farben sagen, dass sie generell auf die meisten Menschen eher kühl wirken, hingegen wirken Farben wie Rot, Orange und Gelb eher warm. Auch dies kann im Einzelfall anders sein, gilt aber für den überwiegenden Anteil der Bevölkerung. Insbesondere blaue Töne wirken beruhigend auf das Nervensystem. Es kann sich daher lohnen, mit sanften Farben zu arbeiten, wenn Sie einen Raum einrichten, in dem Sie sich konzentrieren müssen. So sind Knallfarben wie Rot, Gelb und Pink in Ihrem Homeoffice eher ungeeignet. Haben Sie einen Arbeitsplatz zu Hause, von dem aus Sie regelmäßig arbeiten und an dem Sie sich für mehrere Stunden konzentrieren müssen, sollten Sie dort auf sanftere Farben setzen.

Ein leichtes Hellblau zum Beispiel kann beruhigend sein und dennoch ein wenig Farbe in die Räumlichkeiten bringen. Das Gleiche gilt für Pastelltöne. Wenn Sie lieber wärmere Farbtöne mögen, können Sie auf ein Pastellgelb oder ein Pastellgrün setzen. Knallfarben hingegen dürfen Sie gerne überall dort einsetzen, wo Sie sich mit Menschen treffen – also an Orten (wie z. B. dem Ess- oder Wohnzimmer), an denen eher viel los ist. Viele Menschen bevorzugen neue Farben in Wohnzimmern und Küchen, weil dort sowieso Leben herrscht. Im Schlafzimmer, also einem Raum, in dem Sie zur Ruhe kommen möchten, können sich wieder sanftere, beruhigendere Farben auszahlen. Sie sehen bereits: Die richtige Farbwahl hängt von vielen Faktoren ab. Lassen Sie sich jedoch nicht beirren, wenn Sie sich Ihres persönlichen Geschmackes sehr sicher sind. Diese Tipps sind nur als Anregung und Hilfestellung gedacht. Wenn Sie dennoch eine bunte Knallfarbe in Ihrem Schlafzimmer bevorzugen, dann toben Sie sich aus. Im Endeffekt muss die Einrichtung ihren Bewohnern gefallen!

Ein letzter Farbtipp: Hier sehen Sie den Farbkreis von Johannes Itten. Er zeigt auf, welche Farben ähnlich und welche eher kontrastierend zueinander stehen. Generell gesprochen können Sie sehen, dass Farben, die nahe beieinanderliegen, ähnlich sind. Ihr Zusammenspiel wirkt auf die Menschen in der Regel harmonisch, beruhigend und sanft. Gegenüberliegende Farben hingegen bilden Kontraste, die mit Energie, Aktivität und Lebensfreude verbunden werden. Je nachdem, welche Stimmung Sie erzeugen möchten, können Sie auf sanfte Farbübergänge oder Kontraste zurückgreifen.

Johannes Itten war ein Schweizer Maler, Kunsttheoretiker und Kunstpädagoge. Er lebte von 1888 bis 1967 und wurde vor allem für seine Lehre der sieben Farbkontraste bekannt, aus denen dieser Farbkreis entstand.

Formen

Auch mit Formen zu experimentieren, lohnt sich bei der Einrichtung, denn diese spielen beim Design eine besonders wichtige Rolle. Eine kleine Formlehre kann daher sowohl bei der Sanierung als auch bei der Einrichtung Ihres Altbaus ein Vorteil sein. Generell unterscheidet man Formen anhand der folgenden Kategorien:

1. Einfache oder zusammengesetzte Formen.
2. Organische oder anorganische Formen
3. Extrakte oder konkrete Formen

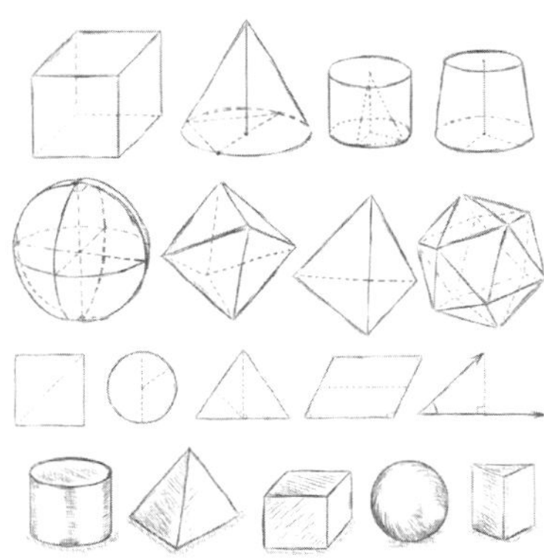

Einfache Formen werden auch primitive Formen genannt. Dies sind grundsätzlich alle Formen, die eindimensional sind. Dazu gehören beispielsweise Dreiecke, Rechtecke und Kreise. Aber auch dreidimensionale Gegenstücke, wie Würfel, Zylinder, Kegel und Kugeln, lassen sich dieser Kategorie zuordnen. Demgegenüber stehen sogenannte zusammengesetzte Formen. Diese werden aus einfachen Formen zusammengesetzt und ermöglichen dadurch einen besonderen Gestaltungsspielraum.

Organische Formen sind solche, die sie in der Natur finden. Formen wie die eines Astes, einer Hügellandschaft oder ähnliche natürliche Objekte gelten entsprechend als organische Formen. Sie sind abgerundet, bestehen aus loseren Linien und sind weniger symmetrisch als anorganische Formen. Starre geometrische Figuren gibt es in der Natur nicht. Werfen Sie einen Blick nach draußen: Welche natürlichen Formen sehen Sie? Sicherlich wird Ihnen auffallen, dass in der Natur kaum etwas symmetrisch ist. Sieht etwas doch einmal sehr symmetrisch aus, ist das durch Zufall entstanden. Und selbst in dem Fall werden Sie kleine Unebenheiten finden. In menschengemachten Konstrukten hingegen werden Sie starre geometrische Figuren sehr häufig finden. Dies sind die anorganischen Formen. Während organische Formen an Natur erinnern, wirken anorganische Formen industriell und starrer.

Konkrete Formen sind einfache Formen, die Sie z. B. aus der Geometrie kennen, jedoch aus mehreren Komponenten zusammengesetzt sind und als symbolische Hinweise fungieren. Man kennt sie beispielsweise von abstrakten Figuren, die man auf Toilettenschildern sieht. Auch im Straßenverkehr begegnen Ihnen solche abstrakten Figuren sehr häufig. Abstrakte Figuren funktionieren allerdings nur, weil der Betrachter sich mit diesen Symbolen bereits auskennt. Sie passen zu dessen kulturellem Wissen. Daher sind abstrakte Figuren in verschiedenen Kulturen sehr unterschiedlich.

Welches Format Sie bevorzugen, hängt natürlich sehr von Ihrem persönlichen Geschmack ab. Allerdings lassen sich auch besonderen Formen besondere Bedeutungen zuteilen. Ähnlich wie bei der Farblehre können Sie also davon ausgehen, dass bestimmte Formen bestimmte Stimmungen erzeugen können. Hier ein paar Beispiele für die Bedeutung von Formen:

- Quadrate stehen für Stabilität, schwere Zuverlässigkeit, Stärke, Seriosität und Starrheit.
- Das Gegenstück zu Quadraten bilden Kreise: Leichtigkeit, Fröhlichkeit, Weichheit, Bewegung, Unschuld und Unendlichkeit. Das Symbol der Unendlichkeit findet sich in Kreisen vor allem deshalb wieder, da sie keinen Anfang und kein Ende haben.
- Dreiecke werden mit Schärfeführung, Göttlichkeit, Balance, aber auch mit Gefahr verbunden. Obwohl auch Quadrate und Rechtecke spitze Kanten haben, wirken die Ecken von Dreiecken immer besonders scharf. Gleichzeitig lassen Sie sich in vielen spirituellen Richtungen und Religionen als göttliche Symbole finden.

Das wichtigste Werkzeug des Designers ist also das Wissen. Sie sollten sich solchen Bedeutungen daher durchaus bewusst sein. Überlegen Sie sich, welche Stimmungen Sie in den jeweiligen Räumen erzeugen wollen, und wählen Sie die Form entsprechend aus. Achten Sie darauf, möglichst wenige scharfe Kanten und abstrakte Formen zu nutzen, wenn Sie harmonische und natürliche Bilder erzeugen möchten. Möchten Sie Ihren Raum hingegen mit Aktivität und Energie füllen, können Solche Kanten und Spitzen durchaus wertvoll sein. Auch das persönliche Empfinden spielt eine Rolle. Dieses kann sich ganz individuell in Ihrem Einrichtungsgeschmack manifestieren.

Formen finden sich nicht nur in Einrichtungsgegenständen und Tapetenmustern wieder. Auch Ihre Kunst- und Dekorationsgegenstände sowie Gemälde aller Art spielen bei der Formlehre eine Rolle. So unterstützt moderne Kunst (z. B. Kubismus – man denke an Picasso – oder auch zeitgenössische abstrakte Werke) logischerweise meist auch einen modernen Flair. Gemälde, die eher einem naturalistischen, feinmalerischen Stil (z. B. Ars Nova oder Barock) zuzuordnen sind, wirken oft gemütlicher und wärmer, obwohl das auch wieder stark vom individuellen Werk abhängig ist.

Ideen für die Beleuchtung in Altbau-Wohnungen

Genauso wichtig wie die passende Möblierung ist auch die richtige Beleuchtung in einem Altbau: Nutzen Sie die natürliche Beschaffenheit eines Altbaus zu Ihren Gunsten. Sie haben reichlich Platz und reichlich Deckenhöhe in Altbauten. Verwenden Sie das volle Potential des Raumes und füllen Sie ihn mit hellen und großen Lichtern. Wählen Sie eine kleine Leuchte, geht diese in eher größeren Räumen schnell unter. Für Hängeleuchten gibt es heutzutage viele verschiedene große Lampenschirme, beispielsweise aus Bast oder Reispapier, die nicht nur für ein angenehmes Licht sorgen, sondern auch sehr dekorativ wirken. Eine tief hängende Leuchte im Wohnzimmer (z. B. direkt über dem Wohnzimmertisch) kann zu einem echten Hingucker werden und dem Raum einen ganz besonderen Flair verleihen. Leuchten finden Sie auch in dieser Art für jeden Geschmack: von schlichten Elementen für moderne Einrichtungen bis hin zu schnörkeligen, bunt verzierten, kronleuchterartigen Lampen. Egal, was Ihnen gefällt, Sie werden es im gut sortierten Fachhandel sicherlich erhalten. Auch Spezialanfertigungen stellen eine Option dar. Eine besonders schöne Idee sind auch Lampenschirme, die durch das Licht ein Muster auf große Flächen von Decke und Wände zeichnen. Auch diese können Sie großflächig als Hängeleuchte für einen ganzen Raum oder als kleine Lampe einsetzen. Positionieren Sie die Lampen doch so, dass das Licht den Stuck anstrahlt und somit in den Vordergrund rückt. Damit heben Sie den natürlichen Charme des Altbaus noch einmal hervor. Bei allen Arten von Einrichtungen gilt: Setzen Sie das, was bereits besteht und Ihnen gefällt, ins bestmögliche Licht.

Altbauwohnungen bieten viel Raum für große Lampen. Das gilt auch für übergroße Stehleuchten. Viele solcher dekorativen Lampen – teilweise sogar

Designerlampen – nehmen in kleinen Wohnungen und Häusern meist zu viel Raum ein. In einer Altbauwohnung haben Sie dieses Problem nicht. Häufig liegt sogar das gegenteilige Problem vor und Sie haben das Gefühl, dass Sie den Raum mit etwas füllen müssen. Große Lampen, egal, ob sie von der Decke hängen oder in einer Ecke stehen, haben den Vorteil, dass sie reichlich Licht verströmen und auch noch besonders dekorativ aussehen. Nutzen Sie größere Lampen, gerne auch auf Tischen und in Regalen. So kann eine dekorative Stehlampe auf dem Ess- oder dem Sofatisch alles ins richtige Licht rücken.

Um eine besonders wohnliche Atmosphäre zu kreieren, sollten Sie stets mehrere Lichtquellen miteinander kombinieren. So können Sie beispielsweise eine große Deckenlampe und ein paar Kerzen in Ihre Einrichtung einbringen. Für Tätigkeiten, bei denen Sie viel Licht benötigen (z. B. beim Arbeiten und Lesen), stehen Ihnen z. B. Tisch- oder Arbeitslampen zur Verfügung.

Sorgen Sie hingegen für ein angenehmeres Licht, wenn Sie gemütliche Stunden am Abend verbringen möchten. In besonders stark modernisierten Altbauten können Sie auch Dimmer anbringen, die dafür sorgen, dass Sie die Intensität von Deckenlampen und Stehlampen regulieren können. Alternativ zu mehreren Lampen können Sie auch eine Kombination aus Lampen und Kerzen aufstellen. Kerzen sorgen für ein besonders warmes Licht. Neben den warmen, tiefen Farbtönen sorgt auch das angenehme Flackern für eine besonders gemütliche Atmosphäre. Ganz nach dem dänischen Motto Hygge richten Sie damit ein besonders gemütliches Zuhause ein.

Hygge ist ein Konzept aus Dänemark (und auch beliebt in anderen skandinavischen Ländern) und bedeutet so viel wie Gemütlichkeit oder Heimeligtkeit. Hygge ist alles, was eine Wohlfühlatmosphäre erzeugt. Das Hygge-Konzept erfreut sich bereits seit einigen Jahren an großer Popularität. Zentrale Elemente dieses Stils sind beispielsweise warme Lichter, weiche und kuschelige Textilien, Naturmaterialien sowie warme Farben und Details, die für eine stimmungsvolle Atmosphäre sorgen (beispielsweise heiße Getränke, Bücher, Dekorationen etc.).

Auch kleine Lichterketten oder Lampions machen sich in einigen Räumen gut. Werden Sie also kreativ! Bringen Sie gerne mehrere Lichtquellen in den verschiedenen Ecken eines Raumes an. So erhalten Sie Ihre gewünschte Atmosphäre und können gleichzeitig bestimmte Akzente in den Vordergrund rücken. Altmodische Metallkerzenhalter unterstützen beispielsweise den warmen, gemütlichen Flair eines Altbaus. Auch haben Sie sicherlich schon in vielen gemütlichen Bars und Restaurants gesehen, dass alte Wein- oder Ginflaschen als Kerzenhalter genutzt werden. Dieser Trend ist zwar nicht neu, sorgt aber immer noch für eine besonders angenehme Atmosphäre. Auch ist er sehr einfach – und vor allem auch sehr günstig – selbst umsetzbar!

Ideen für die Wandgestaltung in Altbauwohnungen

Auch bei der Wahl der Wandfarben erweisen sich Altbauten als perfekter Ort für eine außergewöhnliche Farbwahl. Während Sie in kleineren Wohnungen Sorge haben müssen, dass dunkle Farben den Raum optisch verkleinern, brauchen Sie sich bei einem Altbau mit seinen hohen Decken keine Gedanken machen. Ganz im Gegenteil: Hier macht sich Mut zur Wandfarbe bezahlt. Wagemutige Farben können den Stuck besonders betonen und eine großartige Bühne für eine Bilderwand bieten. Selbst einem Trend zu dunklen Wandfarben mit Grautönen bis hin zu Schwarz können Sie in Altbauwohnungen wunderbar folgen. Die groß geschnittenen Räume wirken weder drückend noch beengend. Vielmehr verleihen die dunklen Farben diesen Räumen einen Glanz von Exklusivität. Trauen Sie sich ruhig, deckenhoch zu streichen: Dadurch wird der Stuck besonders schön betont. Alternativ können Sie auch auf einen halbhohen Farbstreifen setzen. Auch dies kann die Raumhöhe betonen. Sie sehen schon: das Muster ist immer das Gleiche – Sie betonen das, was Sie an einem Altbau ohnehin so lieben.

Haben Sie Lust auf einen etwas wagemutigen, gar rebellischen Look? In vielen Altbauwohnungen findet man heutzutage unverputzte Wände, die nicht gestrichen werden. Dies soll dem Raum einen rebellischen und gleichzeitig verspielt industriell-romantischen Look geben. Probieren Sie es mit einer Wand aus. Der etwas raue, unverarbeitete Stil kann Ihrer Wohnung einen besonders individuellen Touch geben – vor allem in Kombination mit Vintage-Möbeln!

In Altbauwohnungen lohnt es sich oft, auch die Decken zu streichen. Zwar ist dies eine etwas aufwendigere Arbeit, allerdings kann es auch die besonderen Verzierungen (z. B. den Stuck) betonen. Dadurch wird eine besonders gemütliche Atmosphäre kreiert. Zwar kann das Streichen von Decken den Raum ebenfalls verkleinern, allerdings müssen Sie sich auch dabei bei einem Altbau keine Sorgen machen. Ganz im Gegenteil: Manchmal lohnt es sich sogar, den Raum optisch zu verkleinern, wenn dieser ansonsten zu weitläufig und groß geschnitten wirkt. Möchten Sie eine besonders kuschelige Atmosphäre schaffen, sind Räume, die etwas kleiner wirken, häufig die beste Wahl.

Möchten Sie sogar mehr als nur Streichen? Dann greifen Sie zu Tapeten und Bordüren oder nutzen Sie Muster an den Wänden. Greifen Sie die Muster der Einrichtung wieder auf und sorgen Sie so für ein harmonisches Gesamtbild. Auch abstrakte Kunst macht sich an Wänden besonders gut. Greifen Sie zu ähnlichen Elementen und Farben oder auf einen ähnlichen Kunststil zurück, um so Einheit und Harmonie zu schaffen. So findet sich alles, was Sie an der Einrichtung wertschätzen, auch an den Wänden wieder.

Wenn Sie es gerne besonders kreativ haben, können Sie auch auf verschiedene Elemente und Farben in verschiedenen Räumen setzen. Gestalten Sie den einen Raum gemütlich mit dunklen Farben und den anderen bunt mit abstrakter Kunst. So erschaffen Sie verschiedene Räume für verschiedene

Stimmungen. Denken Sie dabei an das, was Sie bereits gelernt haben: Farben, Formen, Kontraste und Ähnliches haben eine Auswirkung auf die Stimmung. Setzen Sie daher auf eine ruhige Atmosphäre in den Räumen, in denen Sie zur Ruhe kommen möchten. Dazu zählt vor allem das Schlafzimmer, aber auch das Wohnzimmer und natürlich ein Büro, sofern Sie dieses haben. Wenn Sie hingegen im Wohnzimmer häufig mit Freunden zusammenkommen und viel Lebendigkeit wertschätzen, können Sie es doch noch etwas bunter gestalten. Flure und Küchen eignen sich ebenfalls für eine lebhafte Gestaltung.

Beliebte Wohnstile für Altbauwohnungen

Viele Menschen richten ihr Eigenheim gerne nach einem ganz besonderen Wohnstil ein. Das liegt daran, dass sie einen Stil gefunden haben, der zu ihnen passt und als roter Faden dient. Das sorgt für Harmonie und ein Zusammengehörigkeitsgefühl in den Räumen. Doch nicht jeder Wohnstil eignet sich für jede Wohnung. Auch hier bieten Altbauwohnungen wieder einen entscheidenden Vorteil: Wirklich jeder Wohnstil lässt sich ausleben. Altbau-Räume haben den Vorteil, dass sie so viel Raum und Platz mitbringen, dass individuelle Wohnvorstellungen besonders in der Einrichtung meistens problemlos umsetzbar sind. Besonders aktuell ist derzeit der skandinavische Wohnstil. Er kennzeichnet sich durch eine minimalistische Einrichtung, ist dabei reduziert auf wenige Möbelstücke, die individuell zu Lieblingsstücken inszeniert werden, und sorgt dafür, dass nichts unnötig im Weg herumsteht. Es entsteht eine Atmosphäre, die Gemütlichkeit, Heimeligkeit und Sparsamkeit ausstrahlt. In der Regel wird ein minimalistischer Wohnstil mit Naturelementen inszeniert.

So sind Möbelstücke beispielsweise überwiegend aus Holz und es werden echte Kerzen anstatt LED-Leuchten aufgestellt. Dieser puristische Wohnstil lässt einerseits viel Raum dafür, Ihre Lieblingsstücke richtig in Szene zu setzen, andererseits aber auch die schönen Details in der Altbau-Architektur ins beste Licht zu rücken. Die minimale Ausstattung nimmt nichts weg von dem verspielten Stuck und den altmodischen Holzdielen. Arbeiten Sie mit Naturelementen, schaffen Sie eine angenehme Harmonie zwischen diesen beiden Eigenschaften. Gleichzeitig bildet die verspielte Altbau-Architektur einen angenehmen Kontrast zu den minimal und schlichten Möbeln der skandinavischen Einrichtung. Sie erstellen dadurch eine ganz besondere Ästhetik. Besonders schön sieht dies aus, wenn Sie gesammelte Designerstücke und Vintage-Möbel zum Einsatz bringen. Minimalistische Einrichtungen müssen nicht schlecht sein. Wenn Sie Vintage-Möbel nutzen, dann finden Sie sicherlich viele große Einrichtungsgegenstände, die durch auffällige Verzierungen und Schnörkel auffallen. Das wiederum passt bestens zu der bunt verspielten Alba-Architektur.

Natürlich können Sie auch viele andere Wohnstile wählen. Wie wäre es, das Wohngefühl aus vergangenen Zeiten komplett wieder aufleben zu lassen? Antike Möbel beispielsweise unterstützen den ursprünglichen Stil des Art Noveau (auch als Jugendstil oder Secessions-Stil bekannt), des klassischen Stils der Altbau-Architektur. Nutzen Sie dazu schwere Textilien, beispielsweise Samt oder Velour, und außerdem kräftige, dunklere Farben. Floraler Dekor und große Quasten für Vorhänge sowie edle Ornamente unterstützen diesen großzügigen Stil. Anstatt moderner Kunst, Landkarten oder Fotos an der Wand nutzen Sie großformatige Gemälde. Auch verspielte Accessoires in Gold oder eine üppig bestückte Blumendekoration passen bestens zu diesem Stil.

Mögen Sie es lieber moderner? Auch dann können Sie sich in Ihrer Altbauwohnung austoben, schließlich haben Sie reichlich Platz für große, funktionale Möbelstücke. Auch hier erhalten Sie einen angenehmen Kontrast zwischen der verspielten Altbau-Architektur und der modernen, schlichten Einrichtung. Gleichzeitig lassen schlichte Einrichtungsgegenstände, die vorrangig durch ihre Funktionalität ins Auge springen, reichlich Raum für das In-Szene-Setzen von Stuck und Holzdielen. Beliebte moderne Stile für Altbauwohnungen sind übrigens auch der Used-Look, der sich mit den ursprünglichen Bestandteilen eines Altbaus gut verbinden lässt, der Vintage-Look und der Boho-Stil.

Auch Kinderzimmer können ganz nach Belieben eingerichtet werden. Die hohen Wände lassen reichlich Platz für verspielte Dekorationen aller Art, Rockstar-Poster oder bunte Farben an den Wänden. Auch Tapeten und Bordüren können nach Belieben eingesetzt werden. Nutzen Sie die fantastische Bauart des Altbaus, um Kinderträume wahr werden zu lassen. Warum nicht ein großflächiges Himmelbett einbauen, wenn sich Ihre Kinder das schon seit langem gewünscht haben? Kaum eine andere Architektur bietet so viele Möglichkeiten wie Altbau-Architektur.

Generell gilt für Altbau-Architektur, dass Sie viele Träume, die Sie schon seit langem haben, endlich in die Tat umsetzen können. Während sich Kinder vielleicht schon seit frühsten Tagen ein Himmelbett gewünscht haben, träumen Sie möglicherweise von einer großzügig geschnittenen Insel in der Küche – oder vielleicht von dem perfekten Esstisch, an dem sich endlich die ganze Familie versammeln kann. Füllen Sie das Wohnzimmer mit einer großflächigen Schlafcouch und empfangen Sie dort Gäste. Stellen Sie gemütliche Polstersessel auf, für die Sie in Ihrer alten Wohnung keinen Platz hatten. Sicherlich können Sie hierbei ganz kreativ werden und die Pläne, die schon seit langem auf Ihrer Liste stehen, umsetzen!

Bonus: Der Altbausanierungs-Finanzguide

Die Altbausanierung kann ein kostspieliges Unterfangen werden. Das bedeutet jedoch nicht, dass Sie reich oder besonders wohlhabend sein müssen, um sich die Sanierung Ihres Traumgebäudes leisten zu können. Heutzutage gibt es viele staatliche und private Hilfsmittel, mit denen Sie die Sanierung eines Altbaus finanziell erleichtern können. In diesem Abschnitt werden Ihnen einige Optionen vorgestellt.

Wovon hängen die Kosten ab?

Die Kosten einer Altbausanierung hängen sehr von den Umständen des Einzelfalls ab und können teilweise stark voneinander abweichen. Sie sollten sich daher darüber im Klaren sein, dass allgemeine Hinweise zu den Kosten nur grobe Richtwerte darstellen können. Zu den entscheidenden Faktoren, welche die Kosten erheblich beeinflussen, zählen die folgenden:

1. Größe des Altbaus und der sanierungsbedürftigen Fläche
2. Art und Umfang der Sanierungen
3. Materialvorstellungen
4. Denkmalschutzrichtlinien
5. Handwerkliches Geschick / Anzahl der beauftragten Spezialisten
6. Sonstiger Eigeneinsatz (etwa Einsparungen durch das eigenständige Besorgen von Schaltern, Steckdosen etc.)
7. Örtliche Besonderheiten (Preise von Containern, Werkstoffhofabgaben und Ähnlichem können von Ort zu Ort variieren)
8. Lage des Altbaus (unterschiedliche Kosten zwischen Stadt und Land sind durchaus möglich)

Damit die Sanierung Ihres Altbaus keine große Kostenfalle wird, sollten Sie stets ein Budget mit Puffer einplanen und versuchen, sich an dieses Budget zu halten. Überschlagen Sie dafür unbedingt im Vorfeld die Kosten für alle anstehenden Sanierungen (von denen Sie wissen). Ein Puffer sorgt dafür, dass unvorhergesehene Probleme schnell beseitigt oder abgemildert werden können. Ein paar Tipps zum Vermeiden weiterer Kostenfallen erhalten Sie am Ende dieses Kapitels.

Welche Kosten kommen auf mich zu?

Die Kosten einer Altbausanierung hängen stark vom Einzelfall ab. Nicht nur die Beschaffenheit Ihres Gebäudes, sondern auch die ortsüblichen Preise spielen dabei eine große Rolle. Damit Sie dennoch eine grobe Idee bekommen, haben wir hier für Sie eine Übersicht mit gängigen Kosten aufgestellt.

Art der Sanierung	Kosten
Auffüllen von Rissen	250 bis 300 Euro pro Meter
Brennwertheizung neu, Öl oder Gas	6.000 bis 13.000 Euro
Dachdämmung	80 Euro pro Quadratmeter
Dachdeckung	100 Euro pro Quadratmeter
Geschossdecke isolieren	50 Euro pro Quadratmeter
Fassadendämmung (Einblasen)	20 bis 45 Euro pro Quadratmeter
Fassadendämmung (Vorhangfassade)	130 bis 180 Euro pro Quadratmeter
Fassadendämmung (Wärmeverbundsystem)	130 bis 150 Euro pro Quadratmeter
Fenster mit Doppel- oder Dreifachverglasung	bis zu 600 Euro pro Fenster
Keller abdichten (außen)	400 Euro pro Quadratmeter
Keller abdichten (innen)	250 Euro pro Quadratmeter
Keller dämmen (Einblasen)	25 Euro pro Quadratmeter
Warmwasserleitung isolieren	Bis zu 10 Euro pro laufendem Meter

Neben diesen beispielhaften Kosten müssen Sie Kosten für Experten, Sachverständige und Behörden einplanen. So kostet Sie ein Energieberater in der Regel um die 1.000 Euro, um Ihnen eine professionelle Beratung für eine energetische Sanierung zu geben. Für einen Bausachverständigen sollten Sie zwischen 70 und 200 Euro pro Stunde einplanen. Statiker verlangen im Durchschnitt einen Stundensatz von 80 bis 120 Euro Der Vergleich lohnt sich hier besonders, denn wenn Sie einen Statiker über einen längeren Zeitraum benötigen (was abhängig von Größe und Zustand Ihres Altbaus ist), machen 40 Euro Differenz einen großen Unterschied.

In vielen Fällen können Sie mit Sachverständigen, die Sie über einen längeren Zeitraum immer wieder benötigen, Projektfestpreise vereinbaren. Der Festpreis für ein Projekt ist dabei in vielen Fällen deutlich günstiger als der stündliche Preis.

Als groben Richtwert können Sie sich auch Folgendes merken:
Haben Sie ein Vorkriegsgebäude erworben, sollten Sie mit Sanierungskosten von bis zu 60 % des Kaufpreises rechnen. Haben Sie ein Nachkriegsgebäude erworben, sollten Sie bis zu 40 % des Kaufpreises an Sanierungskosten einplanen.

Bei Wohnungen geht man durchschnittlich von Kosten von bis zu 600 Euro pro Quadratmeter aus. Dies gilt zumindest für Altbauten. Der Sanierungspreis für Wohnungen in modernen Gebäuden ist in der Regel etwas niedriger (450 bis 500 Euro pro Quadratmeter). Mieter tragen die Sanierungskosten jedoch nicht selbst. Sind Sie Vermieter, bedeutet das, dass Sie sich um die Sanierung kümmern müssen, sofern sie notwendig ist. Wohnen Sie zur Miete, müssen Sie notwendige Sanierungsarbeiten zwar nicht bezahlen, dafür aber die Umständlichkeiten und den Baulärm hinnehmen. Anders sieht dies bei Modernisierungen aus. Nimmt der Vermieter in einer Altbauwohnung beispielsweise energetische Modernisierungen vor, müssen Sie dies als Mieter nur für maximal drei Monate in Kauf nehmen. Halten die Arbeiten darüber hinaus an, haben Sie die Möglichkeit zur Mietminderung.

Finanzierungsmöglichkeiten

Eine Altbausanierung zu finanzieren, ist nicht für jeden Liebhaber ein Kinderspiel. Die Kosten für Kauf und Sanierung können zusammen schnell in die Höhe schießen. Allerdings haben Sie einige Möglichkeiten, Ihr Vorhaben unterstützen zu lassen.

Neben gängigen Krediten bei Banken und Kreditinstituten gibt es einige Förderprogramme mit besonders günstigen Zinssätzen, die speziell für diese Projekte angelegt wurden. Hier werden Ihnen ein paar dieser Förderungsmöglichkeiten vorgestellt:

1. KfW-Kredit für Altbausanierung zum KfW-Effizienzhausstandard:
Mit diesem Kredit erhalten Sie bis zu **150.000 €** zu günstiger Tilgung, davon etwa **60 %** Förderung (maximal 90.000 €)

2. BAFA-Förderung für Einzelmaßnahmen wie Dachdeckung, Dachdämmung, Einbau neuer Fenster:
Damit erhalten Sie einen Zuschuss von **15 %** der förderfähigen Kosten, allerdings nie mehr als 15 % von **60.000 € = maximal 9.000 €** Zuschuss.

3. BAFA-Förderung für Einzelmaßnahmen für Heizung:
Mit diesem Förderprogramm erhalten Sie **25 bis 40 %** der förderungsfähigen Kosten, die den Einbau einer Heizung auf Basis von erneuerbaren Energien betrifft (beispielsweise Luft-Wasser-Wärmepumpe, Sole-Wasser-Wärmepumpe etc.).

4. BAFA-Förderung für Einzelmaßnahmen für neue Solarthermie:
Im Zusammenhang mit der immer größeren Nachfrage nach erneuerbaren Energiequellen sind auch Solaranlagen immer beliebter geworden. Das Bundesamt für Wirtschaft und Ausfuhrkontrolle fördert daher auch solche Maßnahmen im Speziellen. Möchten Sie Solaranlagen einbauen, um damit zu heizen oder Warmwasser aufzubereiten, können Sie eine Förderung beantragen. Mit dieser erhalten Sie **25 % Förderungsgelder** der förderfähigen Kosten. Alle Antragsformulare des BAFA erhalten Sie auf der Website www.bafa.de. Dort finden Sie auch detaillierte Informationen zur Förderfähigkeit und Merkblätter. Kontaktieren Sie das Amt gerne direkt, wenn Sie Fragen oder Schwierigkeiten haben.

Tipp: Bei einigen Anträgen (insbesondere bei beantragter Förderung zu Dämmmaßnahmen) ist das Hinzuziehen eines Energieexperten notwendig. Werfen Sie unbedingt einen Blick in die entsprechenden Formulare, um sicherzugehen, dass Sie alle Voraussetzungen erfüllen.

Erkundigen Sie sich auf jeden Fall rechtzeitig im Vorfeld nach Ihren Möglichkeiten und klären Sie die aktuell verfügbaren Optionen ab. In den letzten Jahren wurden einige Förderungsprogramme verändert. Auch die Details der Programme können sich im Laufe der Zeit verändern (etwa der Zinssatz oder die maximale Fördersumme). Daher sollten Sie stets nach den aktuellen Angaben Ausschau halten. Fragen Sie außerdem bei Ihrer Hausbank nach Kreditoptionen, wenn Sie zusätzlich Geld benötigen. Viele Menschen finanzieren den Hauskauf und die Sanierung über Kredite bei einem anerkannten Kreditinstitut. Letztlich kann auch Ratenzahlung bei der Anschaffung großer Objekte (insbesondere Einrichtungsgegenstände) eine hilfreiche Option sein, um extreme Kosten zu vermeiden. Erkundigen Sie sich auch darüber bei Ihrem Anbieter.

Kostenfallen vermeiden

Damit Ihr Saniervorhaben nicht zu einer unerwünschten Kostenfalle wird, haben wir hier für Sie die wichtigsten Tipps aufgelistet, die Kostenprobleme vermeiden:

1. Planen Sie rechtzeitig und detailorientiert.

Eine gute Planung inklusive Finanzaufstellung kann Ihnen so einiges an Stress ersparen. Einerseits verhindern Sie mit einer umfassenden Planung der Sanierung, dass ungeahnte Projekte auf Sie zukommen – und damit ungeahnte Kosten. Andererseits können Sie so sicherstellen, dass Sie bereits im Voraus wissen, woher Ihr Geld kommt und wie viel Sie benötigen.

2. Planen Sie stets einen Puffer ein.

Genau wie ein Zeitpuffer bei der Planung der einzelnen Schritte ist auch ein Puffer im Finanzplan ein wichtiger Faktor, um Stress bei der Bezahlung des Projekts zu vermeiden. Planen Sie lieber ein wenig zu viel Geld ein als zu wenig. Benötigen Sie am Ende unerwartet weniger Geld als gedacht, werden Sie sich darüber nur freuen. Müssen Sie hingegen mehr ausgeben als erwartet, kann das die Freude über das Projekt schnell schmälern. Im schlimmsten Fall bringt Sie die Sanierung dann in generelle finanzielle Schwierigkeiten – und diese will vermutlich jeder möglichst vermeiden!

3. Vergleichen Sie Angebote.

Vergleichen Sie stets sorgfältig mehrere Angebote. Holen Sie am besten für jede Leistung mindestens zwei bis drei Angebote ein. Das gilt für Förderungen und Kredite, Leistungen und Einschätzungen durch den Fachmann, Kauf von großen Bauteilen und Einrichtungsgegenständen und andere anfallende Maßnahmen. Vergleichen Sie dabei stets das Preis-Leistungs-Verhältnis, nicht nur den tatsächlichen Preis. Hierbei können Sie u. a. auf Internetportale mit Vergleichsoption zurückgreifen. Allerdings lohnt es sich auch, beispielsweise eine gewisse Auswahl an Dienstleistern zu kontaktieren, um die verschiedenen Angebote gegenüberstellen zu können.

4. Kennen Sie Ihre Prioritäten.

Möglicherweise werden Sie nicht alle Traumvorstellungen umsetzen können. Daher sollten Sie sich bereits vor Beginn über Ihre Prioritäten im Klaren sein. Welche Sanierungsarbeiten und Umsetzungsarten sind für Sie unverzichtbar? Welche Maßnahmen sind rechtlich unvermeidbar (beispielsweise energetische Sanierungen)?

Möglicherweise legen Sie z. B. besonderen Wert auf Schallschutzfenster, da Sie in einer lauten Umgebung sind. Vielleicht sind Ihnen die Fenster aber auch egal, aber Sie können auf einen bestimmten Bodenbelag oder den Einbau eines Aufzugs nicht verzichten? Halten Sie Ihre Prioritäten von Anfang an fest im Blick, damit Sie später keine unbefriedigenden Kompromisse eingehen müssen. Halten Sie für sich auch direkt fest, worauf Sie weniger Wert legen, damit Sie direkt wissen, welche Ideen aus Kostengründen als Erstes von der Liste gestrichen werden dürfen. Gehen Sie die Sanierung mit einem Partner an? Dann besprechen Sie unbedingt Ihre Prioritäten. Schließen Sie Kompromisse und halten Sie Ihre gemeinsamen Prioritäten unbedingt fest, damit es später keinen Streit gibt.

Denken Sie daran, dass Sie einige Arbeiten leichter im Nachhinein vornehmen können als andere. Sanierungsarbeiten im Innenbereich können Sie zum Teil beispielsweise auch in der Zukunft nachholen – Dinge wie die Arbeit am Rohbau oder an der Dämmung allerdings nicht. Müssen Sie Abstriche machen, empfiehlt es sich oft, mit den Arbeiten zu warten, die auch in der Zukunft nachgeholt werden können.

5. Setzen Sie auf DIY – do it yourself!

Sind Sie handwerklich einigermaßen geschickt? Dann nutzen Sie DIY-Maßnahmen, wo immer es geht. Werden Sie ruhig kreativ. Auch bei der Einrichtung können Sie selbst Hand anlegen. Nutzen Sie Materialien, die Sie bereits besitzen: Aus alten Holzdielen eines Altbaus können Sie möglicherweise noch einen Tisch zimmern. Solche handwerklichen Projekte schonen nicht nur den Geldbeutel, sondern auch die Umwelt, da sie auf Recycling setzen.

6. Schätzen Sie Ihr Geschick realistisch ein.

Eigenständiges Arbeiten schont ohne Zweifel den Geldbeutel – allerdings nur, wenn Sie organisiert und geschickt vorgehen. Fehlt Ihnen beispielsweise das notwendige Fachwissen, eine helfende Hand oder das notwendige Werkzeug, können Sie mit einem halbherzigen DIY-Versuch unter Umständen Schaden an Ihrem Gebäude anrichten. Auch eine Verletzungsgefahr ist gegeben. Ausbesserungen können im Nachhinein unnötig die Kosten in die Höhe treiben. Daher lohnt sich in manchen Bereichen das Hinzuziehen eines Fachmannes bereits von Anfang an.

7. Suchen Sie sich freiwillige Helfer.

Fragen Sie Ihre Familie und Freunde, ob Sie Ihnen ab und an zur Hand gehen wollen. Gemeinsam arbeiten Sie nicht nur schneller, sondern auch motivierter. Belohnen Sie Ihre freiwilligen Helfer mit Essen und Getränken am Abend. Das ist immer noch günstiger, als Handwerkerteams zu bezahlen, und bereitet Ihnen außerdem mehr Freude. Sicher sind einige Ihrer Liebsten gerne dazu bereit, Ihnen bei Ihrem Traum unter die Arme zu greifen.

8. **Qualität beim Material.**

Setzen Sie auf ordentliche Qualität. Billige Materialien und Werkzeuge sind nur allzu verführerisch, wenn ein Projekt ohnehin kostenintensiv wird. Denken Sie jedoch daran, dass billige Materialien in vielen Fällen auch deutlich schneller kaputtgehen. Dann stehen Nachbesserungen schneller an, als Ihnen lieb ist. Oft lohnt es sich daher, bereits von Anfang an auf gute Qualität zu setzen.

9. **Vermeiden Sie doppelte Behördengänge.**

Wenn Sie Anträge stellen, Projekte anzeigen, Genehmigungen einholen möchten und andere Behördengänge zu erledigen haben, ist dies häufig mit Kosten verbunden. Meistens müssen Sie der Behörde jede Menge Unterlagen vorlegen, die Ihr Vorhaben erklären bzw. Ihren Antrag unterstützen. Achten Sie dabei stets genau auf die Voraussetzungen der Behörden. Sorgen Sie dafür, dass wirklich alle notwendigen Dokumente eingereicht werden, und halten Sie sich stets an Fristen. Wird ein Antrag beispielsweise aufgrund von fehlenden Angaben oder Verfristungen abgelehnt, kann die erneute Beantragung unangenehm auf die Kosten schlagen. Erstellen Sie sich also lieber eine Art Checkliste und überprüfen Sie sämtliche Angaben doppelt, bevor Sie wichtige Details übersehen.

10. **Halten Sie sich an Ihren Zeitplan.**

Versuchen Sie, sich an Ihren Zeitplan zu halten – vor allem, wenn Sie Gerüste oder andere Materialien mieten möchten. Auch hier hängt viel von der Planung ab. Mieten Sie wichtige Bauwerkzeuge, schlägt in der Regel jeder Tag zusätzlich stark auf die Kosten. Daher ist es ratsam, diese Arbeiten nicht unnötig hinauszuzögern, sondern zügig durchzuführen.

Bezugsquellen

Sie suchen nach einem guten Handwerker oder nach Baustoffen, doch wissen gar nicht, wo Sie sich melden sollen? Keine Sorge: Mit diesem Bezugsquellenregister wird Ihnen geholfen. Hier finden Sie zahlreiche Anlaufstellen für Handwerker und Baustoffe.

Handwerkersuche über die Handwerkskammern

Handwerkskammern sind organisierte Selbstverwaltungseinrichtungen des deutschen Handwerks. Deutschlandweit gibt es mehrere Handwerkskammern, die jeweils für bestimmte Regionen – genannt Kammerbezirke – zuständig sind. Primäre Aufgabe der Handwerkskammern ist die Interessenvertretung des Handwerks. Auch die Regelung der typischen Belange in der Selbstverwaltung gehören zu den Hauptaufgaben der Handwerkskammern.

Teil der Handwerkskammern sind Inhaber eines Handwerksbetriebes und eines handwerksähnlichen Gewerbes. Neben den Inhabern gehören auch Gesellen, Arbeitnehmer mit abgeschlossener Berufsausbildung und Lehrlinge zum Kreis der Zugehörigen.

Die Handwerkskammern sind nicht nur für ihre Mitglieder interessant. Als Außenstehender können Sie über Ihre regionale Handwerkskammer Handwerker aus Ihrer Region in Erfahrung bringen. Hier finden Sie eine Liste der deutschen Handwerkskammern nach Bezirken sortiert:

Handwerkskammer	Kontaktinformationen
Handwerkskammer Aachen	Sandkaulbach 17-21 52062 Aachen Tel. 0241 471-0 Fax 0241 471-103 info@hwk-aachen.de https://www.hwk-aachen.de
Handwerkskammer Berlin	Blücherstraße 68 10961 Berlin Tel. 030 2590301 Fax +49 30 259 03-235 info@hwk-berlin.de https://www.hwk-berlin.de

Handwerkskammer Braunschweig-Lüneburg-Stade, Standort Braunschweig	Burgplatz 2 + 2a 38100 Braunschweig Tel. 0531 1201-0 Fax 0531 1201-333 info@hwk-bls.de https://www.hwk-bls.de
Handwerkskammer Braunschweig-Lüneburg-Stade, Standort Lüneburg	Friedenstraße 6 21335 Lüneburg Tel. 04131 712-0 Fax 04131 712-201 info@hwk-bls.de https://www.hwk-bls.de
Handwerkskammer Bremen	Ansgaritorstr. 24 28195 Bremen Tel. 0421 30500-0 Fax 0421 30500-109 service@hwk-bremen.de https://www.hwk-bremen.de
Handwerkskammer Chemnitz	Limbacher Straße 195 09116 Chemnitz Tel. 0371 5364-0 Fax 0371 5364-222 info@hwk-chemnitz.de https://www.hwk-chemnitz.de
Handwerkskammer Cottbus	Altmarkt 17 03046 Cottbus Tel. 0355 7835-444 Fax 0355 7835-280 hwk@hwk-cottbus.de https://www.hwk-cottbus.de

Handwerkskammer Dortmund	Ardeystraße 93 44139 Dortmund Tel. 0231 5493-0 Fax 0231 5493-116 info@hwk-do.de https://www.hwk-do.de
Handwerkskammer Dresden	Am Lagerplatz 8 01099 Dresden Tel. 0351 4640-30 Fax 0351 4719-188 info@hwk-dresden.de https://www.hwk-dresden.de/
Handwerkskammer Düsseldorf	Georg-Schulhoff-Platz 1 40221 Düsseldorf Tel. 0211 8795-0 Fax 0211 8795-110 info@hwk-duesseldorf.de https://www.hwk-duesseldorf.de
Handwerkskammer Erfurt	Fischmarkt 13 99084 Erfurt Tel. 0361 67 07-0 Fax 0361 67 07-200 info@hwk-erfurt.de https://www.hwk-erfurt.de
Handwerkskammer Flensburg	Johanniskirchhof 1-7 24937 Flensburg Tel. 0461 866-0 Fax 0461 866-110 info@hwk-flensburg.de https://www.hwk-flensburg.de/

Handwerkskammer Frankfurt (Oder), Region Ostbrandenburg	Bahnhofstraße 12 15230 Frankfurt (Oder) Tel. 0335 5619 0 Fax 0335 5350 11 info@hwk-ff.de https://www.hwk-ff.de/
Handwerkskammer Frankfurt-Rhein-Main	Bockenheimer Landstraße 21 60325 Frankfurt am Main Tel. 069 97172-818 Fax 069 97172-5818 service@hwk-rhein-main.de https://www.hwk-rhein-main.de
Handwerkskammer Freiburg	Bismarckallee 6 79098 Freiburg Tel. 0761 218 00-0 Fax 0761 218 00-333 info@hwk-freiburg.de https://www.hwk-freiburg.de
Handwerkskammer Halle (Saale)	Gräfestraße 24 06110 Halle Tel. 0345 2999-0 Fax 0345 2999-200 info@hwkhalle.de https://www.hwkhalle.de
Handwerkskammer Hamburg	Holstenwall 12 20355 Hamburg Tel. 040 35905-0 Fax 040 35905-208 info@hwk-hamburg.de https://www.hwk-hamburg.de
Handwerkskammer Hannover	Berliner Allee 17 30175 Hannover Tel. 0511 3 48 59 - 0 Fax 0511 3 48 59 - 32 info@hwk-hannover.de https://www.hwk-hannover.de/

Handwerkskammer Heilbronn-Franken	Allee 76 74072 Heilbronn Tel. 0049 7131 791-0 Fax 0049 7131 791-200 info@hwk-heilbronn.de https://www.hwk-heilbronn.de
Handwerkskammer Hildesheim-Südniedersachsen	Braunschweiger Straße 53 31134 Hildesheim Tel. 05121 162-0 Fax 05121 703432 hgf@hwk-hildesheim.de https://www.hwk-hildesheim.de
Handwerkskammer Karlsruhe	Friedrichsplatz 4 - 5 76133 Karlsruhe Tel. 0721 1600-0 Fax 0721 1600-199 info@hwk-karlsruhe.de https://www.hwk-karlsruhe.de
Handwerkskammer Kassel	Scheidemannplatz 2 34117 Kassel Tel. 0561 7888-0 Fax 0561 7888-165 info@hwk-kassel.de https://www.hwk-kassel.de
Handwerkskammer Koblenz	Friedrich-Ebert-Ring 33 56068 Koblenz Tel. 0261 398 0 Fax 0261 398 398 hwk@hwk-koblenz.de https://www.hwk-koblenz.de
Handwerkskammer zu Köln	Heumarkt 12 50667 Köln Tel. 0221 2022-0 Fax 0221 2022-320 info@hwk-koeln.de https://www.hwk-koeln.de

Handwerkskammer Konstanz	Webersteig 3 78462 Konstanz Tel. 07531 2050 Fax 07531 16468 info@hwk-konstanz.de https://www.hwk-konstanz.de
Handwerkskammer zu Leipzig	Dresdner Straße 11/13 04103 Leipzig Tel. 0341 2188-0 Fax 0341 2188-499 info@hwk-leipzig.de https://www.hwk-leipzig.de
Handwerkskammer Lübeck	Breite Straße 10/12 23552 Lübeck Tel. 0451 15 06-0 Fax 0451 15 06-180 info@hwk-luebeck.de https://www.hwk-luebeck.de
Handwerkskammer Magdeburg	Gareisstraße 10 39106 Magdeburg Tel. 0391 6268-0 Fax 0391 6268-110 info@hwk-magdeburg.de https://www.hwk-magdeburg.de
Handwerkskammer Mannheim-Rhein-Neckar-Odenwald	B1 1 - 2 68159 Mannheim Tel. 0621 18002-0 Fax 0621 18002-199 info@hwk-mannheim.de https://www.hwk-mannheim.de

Handwerkskammer Mittelfranken-Nürnberg	Sulzbacher Straße 11-15 90489 Nürnberg Tel. 0911 5309-0 Fax 0911 5309-288 info@hwk-mittelfranken.de https://www.hwk-mittelfranken.de
Handwerkskammer für München und Oberbayern	Max-Joseph-Straße 4 80333 München Tel. 089 5119-0 Fax 089 5119-295 info@hwk-muenchen.de https://www.hwk-muenchen.de
Handwerkskammer Münster	Bismarckallee 1 48151 Münster Tel. 0251 5203-0 Fax 0251 5203-106 info@hwk-muenster.de https://www.hwk-muenster.de
Handwerkskammer Niederbayern-Oberpfalz-Passau	Nikolastraße 10 94032 Passau Tel. 0851 5301-0 Fax 0851 5301-222 info@hwkno.de https://www.hwkno.de
Handwerkskammer Niederbayern-Oberpfalz-Regensburg	Ditthornstraße 10 93055 Regensburg Tel. 0941 7965-0 Fax 0941 7965-222 info@hwkno.de https://www.hwkno.de

Handwerkskammer Oberfranken-Bayreuth	Kerschensteinerstraße 7 95448 Bayreuth Tel. 0921 910-0 Fax 0921 910-309 info@hwk-oberfranken.de https://www.hwk-oberfranken.de
Handwerkskammer Oldenburg	Theaterwall 32 26122 Oldenburg Tel. 0441 232-0 Fax 0441 232-218 info@hwk-oldenburg.de https://www.hwk-oldenburg.de
Handwerkskammer Osnabrück-Emsland, Grafschaft Bentheim	Bramscher Straße 134-136 49088 Osnabrück Tel. 0541 6929-0 Fax 0541 6929-104 info@hwk-osnabrueck.de https://www.hwk-osnabrueck.de
Handwerkskammer Ostfriesland-Aurich	Straße des Handwerks 2 26603 Aurich Tel. 04941 1797-0 Fax 04941 1797-40 info@hwk-aurich.de https://www.hwk-aurich.de
Handwerkskammer Ostmecklenburg-Vorpommern, Neubrandenburg	Friedrich-Engels-Ring 11 17033 Neubrandenburg Tel. 0395 5593-0 Fax 0395 5593-169 info@hwk-omv.de https://www.hwk-omv.de

Handwerkskammer Ostmecklenburg-Vorpommern, Rostock	Schwaaner Landstraße 8 18055 Rostock Tel. 0381 4549-0 Fax 0381 4549-139 info@hwk-omv.de https://www.hwk-omv.de
Handwerkskammer Ostthüringen-Gera	Handwerkstraße 5 07545 Gera Tel. 0365 8225-0 Fax 0365 8225-199 info@hwk-gera.de https://www.hwk-gera.de
Handwerkskammer Ostwestfalen-Lippe zu Bielefeld	Campus Handwerk 1 33613 Bielefeld Tel. 0521 56 08-0 Fax 0521 56 08-199 hwk@hwk-owl.de https://www.handwerk-owl.de
Handwerkskammer Pfalz-Kaiserslautern	Am Altenhof 15 67655 Kaiserslautern Tel. 0631 3677-0 Fax 0631 3677-180 info@hwk-pfalz.de https://www.hwk-pfalz.de
Handwerkskammer Potsdam	Charlottenstraße 34-36 14467 Potsdam Tel. 0331 3703-0 Fax 0331 3703-100 info@hwkpotsdam.de https://www.hwk-potsdam.de
Handwerkskammer Reutlingen	Hindenburgstraße 58 72762 Reutlingen Tel. 07121 2412-0 Fax 07121 2412-400 handwerk@hwk-reutlingen.de https://www.hwk-reutlingen.de

Handwerkskammer Rheinhessen-Mainz	Dagobertstraße 2 55116 Mainz Tel. 06131 9992-0 Fax 06131 9992-63 info@hwk.de https://hwk.de/
Handwerkskammer des Saarlandes-Saarbrücken	Hohenzollernstraße 47 - 49 66117 Saarbrücken Tel. 0681 58 09-0 Fax 0681 58 09-177 info@hwk-saarland.de https://www.hwk-saarland.de
Handwerkskammer Schwaben-Augsburg	Siebentischstraße 52 - 58 86161 Augsburg Tel. 0821 32590 Fax 0821 32591271 info@hwk-schwaben.de https://www.hwk-schwaben.de
Handwerkskammer Schwerin	Friedensstraße 4a 19053 Schwerin Tel. 0385 7417-0 Fax 0385 71 60 51 info@hwk-schwerin.de https://www.hwk-schwerin.de
Handwerkskammer Region Stuttgart	Heilbronner Straße 43 70191 Stuttgart Tel. 0711 1657-0 Fax 0711 1657-222 info@hwk-stuttgart.de https://www.hwk-stuttgart.de
Handwerkskammer Südthüringen-Suhl	Rosa-Luxemburg-Straße 7 - 9 98527 Suhl Tel. 03681 3700 Fax 03681 370290 info@hwk-suedthueringen.de https://www.hwk-suedthueringen.de

Handwerkskammer Südwestfalen-Arnsberg	Brückenplatz 1 59821 Arnsberg Tel. 02931 877-0 Fax 02931 877-160 zentrale@hwk-swf.de https://www.hwk-swf.de/
Handwerkskammer Trier	Loebstraße 18 54292 Trier Tel. 0651 207-0 info@hwk-trier.de https://www.hwk-trier.de
Handwerkskammer Ulm	Olgastraße 72 89073 Ulm Tel. 0731 1425-0 Fax 0731 1425-9000 info@hwk-ulm.de https://www.hwk-ulm.de
Handwerkskammer Unterfranken-Würzburg	Rennweger Ring 3 97070 Würzburg Tel. 0931 30908-0 Fax 0931 30908-1653 info@hwk-ufr.de https://www.hwk-ufr.de
Handwerkskammer Wiesbaden	Bierstadter Straße 45 65189 Wiesbaden Tel. 0611 136-0 Fax 0611 136-155 info@hwk-wiesbaden.de https://www.hwk-wiesbaden.de

Auf der Website der Handwerkskammern können Sie außerdem eine Handwerkersuche vornehmen. Sie gelangen zur Suche über den folgenden Link:

https://www.handwerkskammer.de/artikel/handwerkersuche-5620,14,15.html

Weitere Tipps für die Handwerkersuche

Neben der Handwerkskammer können Sie auch diverse andere Anlaufstellen aufsuchen. Folgende Register können Ihnen Auskunft über Handwerker in Ihrer Nähe geben:

1. Gelbe Seiten und Telefonbuch
2. Handwerker-Branchenverzeichnis auf handwerkernet.de
3. Handwerkersuche auf https://www.betreut.de/handwerker

Tipp: Denken Sie nicht nur an allgemeine Handwerker. Vielerorts gibt es zahlreiche Betriebe, die sich speziell um die Verarbeitung bestimmter Stoffe kümmern und teilweise auch Materialien und Service in einem bieten. Einige Spezialisten für Marmor und Naturstein bieten beispielsweise nicht nur die Lieferung der Steine, sondern auch Hilfe beim Einbau an. Schauen Sie sich also in Ruhe um und vergleichen Sie sorgfältig Ihre Optionen.

Bezugsquellen für Baustoffe

Grundsätzlich sind auch alle Baumärkte eine besonders gute Anlaufstelle für Ihre Altbausanierungen. Von kleinsten Schrauben bis hin zu größeren Materialien und Dielen werden Sie dort alles finden, was Sie benötigen. Baumärkte gibt es in ganz Deutschland – die Auswahl ist groß. Darunter werden Sie zahlreiche Ketten finden, aber auch kleinere, individuelle Unternehmen. Einige der größeren Ketten bieten zudem einen Online-Shop an. Schauen Sie einfach, welches Unternehmen Sie in Ihrer Stadt finden. Die Wahrscheinlichkeit, dass Sie mehr als einen Baumarkt in unmittelbarer Umgebung finden, ist sogar ziemlich groß. Zu den größten und bekanntesten Baumärkten in Deutschland gehören die folgenden:

- toom
- hagebau
- Hellweg
- OBI
- Hornbach
- B1 Sicount Baumarkt
- Bauhaus
- BayWa
- Globus Baumarkt
- Sonderpreis Baumarkt
- Werkers Welt

Erkundigen Sie sich vor Ort auch nach Raiffeisen-Unternehmen. Raiffeisen ist ein Zusammenschluss mehrerer Unternehmen, die landwirtschaftliche und landwirtschaftsnahe Produkte führen. Darunter fallen auch einige Produkte, die im Bau von Nutzen sind. Da Raiffeisen-Unternehmen auf ländliche Regionen spezialisiert sind, ist die Chance, dass Sie ein solches Unternehmen in der Nähe haben, wenn Sie auf dem Land wohnen, besonders hoch. Der Vorteil dieser Unternehmen liegt ganz klar darin, dass sie einen lokalen Bezug haben. Sie werden dort gut beraten und sicherlich erinnert man sich auch an Sie, wenn Sie wiederkommen. Nicht selten erhalten Sie bei Ihrem lokalen Anbieter auch einen besonders guten Preis. Wahrscheinlich werden Sie in dem Raiffeisen-Unternehmen nicht alles finden, was Sie für den Sanierungsbedarf benötigen. Dennoch kann sich der Gang dorthin lohnen. Heutzutage gibt es auch zahlreiche Online-Anbieter, die Baustoffe führen.

Zu den größten Online-Shops für Baustoffe zählen die Folgenden:

- Baustoffshop: https://baustoffshop.de/
- Bausep GmbH: https://www.bausep.de/
- EU-Baustoffhandel: https://www.eu-baustoffhandel.de/
- Holzland: https://www.holzland.de/holz-baustoffe/
- Hass + Hatje GmbH: https://www.hass-hatje.shop/hass-hatje-gmbh-baustoffe-kaufen-im-onlineshop-fuer-profis
- EU Baustoffmarkt: https://baustoffe-online-kaufen.de/
- Kemmler: https://www.kemmler.de/

Besuchen Sie daneben auch die bereits erwähnten Online-Shops der Baumärkte. Letztlich finden Sie Baustoffhändler aus Ihrer Umgebung auch über die Gelben Seiten bzw. das Telefonbuch. Schauen Sie auch hier gerne nach Spezialisten. Es gibt mittlerweile zahlreiche Anbieter, die sich rein auf Hölzer, Steine, Dachbedarf, Fliesen und Ähnliches fokussieren. Meist erhalten Sie beim Spezialisten die beste Beratung und die größte Auswahl innerhalb der Kategorie. Haben Sie sehr genaue Vorstellungen von dem, was Sie suchen, lohnt sich der Weg dorthin auf jeden Fall.

Ran an den Putz!

Sie haben nun reichlich Erfahrung in der Theorie gesammelt. Möglicherweise haben Sie sogar bereits mit ersten praktischen Schritten begonnen, um bestimmte Handwerksarbeiten auszutesten. Jetzt geht es ans Eingemachte! Beginnen Sie mit der sorgfältigen Planung Ihrer Altbausanierung. Denken Sie dabei vor allem an den Puffer für Zeit und Finanzen. Die sorgfältige Planung ist nicht nur der wichtigste, sondern auch hilfreichste Schritt. Wenn die Planung stimmt, kann nicht mehr allzu viel schiefgehen – und wenn doch, können Sie es dank Puffer und Plan-B-Alternativen gut auffangen.

Die Altbausanierung kann je nach Art und Zustand Ihres Gebäudes ein langes Unterfangen werden. Doch der Traum vom fertigen Altbau ist dennoch zum Greifen nahe! Falls Ihnen mal die Motivation ausgeht, erinnern Sie sich daran, warum Sie die ganze Arbeit auf sich nehmen. Stellen Sie sich vor, wie Sie am Ende all dieser Arbeiten entspannt auf das tolle Projekt zurückblicken und dabei sehr stolz auf sich sein dürfen!

Gehen Sie sorgfältig vor und suchen Sie sich einen Fachmann, wenn Sie wirklich Hilfe benötigen. Oftmals ist es besser, jemand Professionelles ans Werk zu lassen, anstatt selbst Fehler zu machen oder Ihre Gesundheit zu gefährden. Rufen Sie auf jeden Fall einen Fachmann, wenn die Arbeit mit hohen gesundheitlichen Risiken oder einer großen Verletzungsgefahr verbunden ist. Denken Sie auch daran, auf Qualität beim Werkzeug zu setzen. Wenn Sie ein paar Euro mehr investieren, können Sie sich die Arbeit um einiges leichter machen.

Letztlich benötigen Sie jedoch vor allem Motivation und Freude bei der Arbeit. Schließlich soll das Altbauprojekt ein Herzensprojekt werden. In diesem Sinne: Viel Erfolg und viel Vergnügen! Sie schaffen das